国家出版基金项目

NATIONAL PUBLICATION FOUNDATION

自然生态保护

# 草场、人和普氏原羚

*Pasture Shared by Human and Przewalski's Gazelle*

张璐　刘佳子　王大军　著

北京大学出版社
PEKING UNIVERSITY PRESS

**图书在版编目（CIP）数据**

草场、人和普氏原羚／张璐，刘佳子，王大军著．—北京：北京大学出版社，2014.12
（自然生态保护）
ISBN 978-7-301-25133-1

Ⅰ.①草… Ⅱ.①张… ②刘… ③王… Ⅲ.①羚羊–动物保护–青藏高原
Ⅳ.①Q959.842

中国版本图书馆CIP数据核字（2014）第272055号

| | |
|---|---|
| 书　　名 | 草场、人和普氏原羚 |
| 著作责任者 | 张　璐　刘佳子　王大军　著 |
| 责任编辑 | 黄　炜 |
| 标准书号 | ISBN 978-7-301-25133-1 |
| 出版发行 | 北京大学出版社 |
| 地　　址 | 北京市海淀区成府路205号　100871 |
| 网　　址 | http://www.pup.cn　新浪微博：@北京大学出版社 |
| 电子信箱 | zpup@pup.cn |
| 电　　话 | 邮购部 62752015　发行部 62750672　编辑部 62752038 |
| 印 刷 者 | 北京大学印刷厂 |
| 经 销 者 | 新华书店 |
| | 720毫米×1020毫米　16开本　13印张　240千字 |
| | 2014年12月第1版　2014年12月第1次印刷 |
| 定　　价 | 55.00 元 |

# “山水自然丛书”第一辑

## “自然生态保护”编委会

# 序一

在人类文明的历史长河中，人类与自然在相当长的时期内一直保持着和谐相处的关系，懂得有节制地从自然界获取资源，"竭泽而渔，岂不获得？而明年无鱼；焚薮而田，岂不获得？而明年无兽。"说的也是这个道理。但自工业文明以来，随着科学技术的发展，人类在满足自己无节制的需要的同时，对自然的影响也越来越大，副作用亦日益明显：热带雨林大量消失，生物多样性锐减，臭氧层遭到破坏，极端恶劣天气开始频繁出现……印度圣雄甘地曾说过，"地球所提供的足以满足每个人的需要，但不足以填满每个人的欲望"。在这个人类已生存数百万年的地球上，人类还能生存多长时间，很大程度上取决于人类自身的行为。人类只有一个地球，与自然的和谐相处是人类能够在地球上持续繁衍下去的唯一途径。

在我国近几十年的现代化建设进程中，国力得到了增强，社会财富得到大量的积累，人民的生活水平得到了极大的提高，但同时也出现了严重的生态问题，水土流失严重、土地荒漠化、草场退化、森林减少、水资源短缺、生物多样性减少、环境污染已成为影响健康和生活的重要因素等等。要让我国现代化建设走上可持续发展之路，必须建立现代意义上的自然观，建立人与自然和谐相处、协调发展的生态关系。党和政府已充分意识到这一点，在党的十七大上，第一次将生态文明建设作为一项战略任务明确地提了出来；在党的十八大报告中，首次对生态文明进行单篇论述，提出建设生态文明，是关系人民福祉、关乎民族未来的长远大计。必须树立尊重自然、顺应自然、保护自然的生态文明理念，把生态文明建设放在突出地位，以实现中华民族的永续发展。

国家出版基金支持的"自然生态保护"出版项目也顺应了这一时代潮流，充分体现了科学界和出版界高度的社会责任感和使命感。他们通过自己的努力献给广大读者这样一套优秀的科学作品，介绍了大量生态保护的成果和经验，展现了科学工作者常年在野外艰苦努力，与国内外各行业专家联合，在保护我国环境和生物多样性方面所做的大量卓有成效的工作。当这套饱含他们辛勤劳动成果的丛书即将面世之际，非常高兴能为此丛书作序，期望以这套丛书为起始，能引导社会各界更加关心环境问题，关心生物多样性的保护，关心生态文明的建设，也期望能有更多的生态保护的成果问世，并通过大家共同的努力，“给子孙后代留下天蓝、地绿、水净的美好家园。”

许智宏

2013年8月于燕园

# 序二

1985年，因为一个偶然的机遇，我加入了自然保护的行列，和我的研究生导师潘文石老师一起到秦岭南坡（当时为长青林业局的辖区）进行熊猫自然历史的研究，探讨从历史到现在，秦岭的人类活动与大熊猫的生存之间的关系，以及人与熊猫共存的可能。在之后的30多年间，我国的社会和经济经历了突飞猛进的变化，其中最令人瞩目的是经济的持续高速增长和人民生活水平的迅速提高，中国已经成为世界第二大经济实体。然而，发展令自然和我们生存的环境付出了惨重的代价：空气、水、土壤遭受污染，野生生物因家园丧失而绝灭。对此，我亦有亲身的经历：进入90年代以后，木材市场的开放令采伐进入了无序状态，长青林区成片的森林被剃了光头，林下的竹林也被一并砍除，熊猫的生存环境遭到极度破坏。作为和熊猫共同生活了多年的研究者，我们无法对此视而不见。潘老师和研究团队四处呼吁，最终得到了国家领导人和政府部门的支持。长青的采伐停止了，林业局经过转产，于1994年建立了长青自然保护区，熊猫得到了保护。

然而，拯救大熊猫，留住正在消失的自然，不可能都用这样的方式，我们必须要有更加系统的解决方案。令人欣慰的是，在过去的30年中，公众和政府环境问题的意识日益增强，关乎自然保护的研究、实践、政策和投资都在逐年增加，越来越多的对自然充满热忱、志同道合的人们陆续加入到保护的队伍中来，国内外的专家、学者和行动者开始协作，致力于中国的生物多样性的保护。

我们的工作也从保护单一物种熊猫扩展到了保护雪豹、西藏棕熊、普氏原羚，以及西南山地和青藏高原的生态系统，从生态学研究，扩展到了科学与社会经济以及文化传统的交叉，及至对实践和有效保护模式的探索。而在长青，昔日的采伐迹地如今已经变得郁郁葱葱，山林恢复了生机，熊猫、朱鹮、金丝猴和羚牛自由徜徉，那里又变成了野性的天堂。

然而，局部的改善并没有扭转人类发展与自然保护之间的根本冲突。华南虎、白暨豚已经趋于灭绝；长江淡水生态系统、内蒙古草原、青藏高原冰川……一个又一个生态系统告急，生态危机直接威胁到了人们生存的安全，生存还是毁灭？已不是妄言。

人类需要正视我们自己的行为后果，并且拿出有效的保护方案和行动，这不仅需要科学研究作为依据，而且需要在地的实践来验证。要做到这一点，不仅需要多学科学者的合作，以及科学家和实践者、政府与民间的共同努力，也需要借鉴其他国家的得失，这对后发展的中国尤为重要。我们急需成功而有效的保护经验。

这套“自然生态保护”系列图书就是基于这样的需求出炉的。在这套书中，我们邀请了身边在一线工作的研究者和实践者们展示过去30多年间各自在自然保护领域中值得介绍的实践案例和研究工作，从中窥见我国自然保护的成就和存在的问题，以供热爱自然和从事保护自然的各界人士借鉴。这套图书不仅得到国家出版基金的鼎力支持，而且还是“十二五”国家重点图书出版规划项目——“山水自然丛书”的重要组成部分。我们希望这套书所讲述的实例能反映出我们这些年所做出的努力，也希望它能激发更多人对自然保护的兴趣，鼓励他们投入到保护的事业中来。

我们仍然在探索的道路上行进。自然保护不仅仅是几个科学家和保护从业者的责任，保护目标的实现要靠全社会的努力参与，从最草根的乡村到城市青年和科技工作者，从社会精英阶层到拥有决策权的人，我们每个人的生存都须臾不可离开自然的给予，因而保护也就成为每个人的义务。

留住美好自然，让我们一起努力！

吕植

2013年8月

# 目 录

# 前　言

2007年中，当吕植老师在北大提出到青海湖地区开始一个普氏原羚的保护和研究项目的时候，我们并不十分理解这个动议。原因有两个：一是已经有科学家从20世纪90年代开始就对这个物种开展了持续的研究，研究成果已经积累到了一个较高的水平上，我们的进入在科学上可以达到怎样的目标，能有怎样的期待？二是我们对这个物种的了解很少，只知道它是一种极度濒危的国家一级保护动物，只有几百只个体，且与家畜争夺草场。对普氏原羚的这些了解无法让我们提出一个明确的科学问题和清晰的项目思路。

2007年10月，我们带着这些困惑，开始了第一次短暂的前期考察。我们开车绕着青海湖转了两圈，还向西去了天峻县的生格乡。一路上我们与未来的合作伙伴不断地见面、交流，我们的合作伙伴包括青海省林业局（现在的青海省林业厅）、青海湖国家级自然保护区管理局、各县森林公安局的同仁和当地的牧民。大家从环湖公路的两侧到湖边的草场，寻找普氏原羚的踪迹，既看见了高质量草场上密集的羊群，也看到了沙漠化的区域里纵横交错的普氏原羚的蹄印，有时还见到成串的狼的痕迹。在考察中，有一个问题在我们的脑海中渐渐清晰起来：在这样的环境里几百只普氏原羚是怎样存活下来的？这个问题实际上与另一个问题的关系就像同一个硬币的正反面：普氏原羚是如何落入今天的濒危境地的？我们的研究可能在短时间内无法回答艰深的科学问题，但是应该能够在帮助这个物种走出困境的方向上有所突破。访谈中一位牧民的话很让人动容："困难时期黄羊（在这个区域指普氏原羚）救了我们很多人的命，是我们该为它们做些事的时候了。"

结合对以前科学家们所发表的普氏原羚研究结果的阅读，我们对问题的认识更加清晰了一些，而且随着研究的进展，愈加清晰起来。

① 对任何一个物种的研究都是从了解其现状开始，而且是其全面的现状。过去的 20 年间，不断有关于普氏原羚的新的研究报道发布，信息一直处于快速的变化之中。这种变化无外乎两种原因，一是随着研究的深入，不断发现关于这个物种的新信息；二是普氏原羚的种群和栖息地确实处于急速变化之中。第二种情况必须引起我们的重视，因为这种情况是肯定存在的：经济急速发展，环湖畜牧业和旅游业开发一年一个样；国家对环境保护的重视和投资逐年增加；气候变化等全球性自然环境变迁的影响又会叠加在这些因素之上。而这一切对普氏原羚这样一个小种群来说，虽然有些因素是有利的，但大多是令人不安的。因此，我们首要的需求应该是一个真实、全面的种群及栖息地本底调查：普氏原羚还有多少？它们都在哪里？种群和栖息地之间的联通状况如何？各自的变化趋势怎样？

② 一个濒临灭绝的物种，必然承受着巨大的环境压力。在我们进入研究之前已经有很多研究报告，告诉我们这些压力的存在：草场沙化，与家畜竞争，围栏影响，狼的捕食，偷猎，等等。众多威胁的存在，且各威胁之间还有交互的作用，哪一个或几个是影响该物种生存的关键因素？如何对这些因素进行排序而有重点地分批解决？如何解决？

③ 正常情况下，一个有蹄类的物种，如果消除了其生存的关键限制因素，其种群应该呈现出指数增长的状态，甚至效果可以很惊人。而从 1988 年开始，普氏原羚被列入国家一级保护动物的名录，20 世纪末中国实施了新的枪支管理法，大大限制了偷猎的发生，国家层面的退耕还林（草）项目也提供了栖息地恢复的机会。在这诸多“利好”因素之下，在 20 年间我们却没能观察到种群的迅速增长，为什么？在种群生态学的角度找到那个限制因素，再从环境中找到产生这个因素的根源，进而消除它，或者缓解它，这是我们这项研究的目标。

在实验室的研究中，通常设计控制实验来探究事物之间深层次的关系，这对于野外生态学的研究是个奢侈品，而在这个项目中，我们有机会奢侈了一回。因为这是一个研究和保护齐头并进的项目，也是多机构紧密合作的项目。青海省林业局作为主管机构为我们协调各个地方和部门，省去了作为研究机构经常面临的最大一部分“麻烦”，北京山水自然保护中心是项目中的协调和执行者，他们与当地社区的保护行动为我们的研究提供了“对照样本”。这些独特的条件，让我们的研究“加速”了不少。

2007 年至今，这个研究项目回答了最初设计的部分问题，基于这些研究完成了本书的初稿，作者是张璐和刘佳子。王大军作为项目指导参与了研究的全过程，并完成了全书的润色和修改。希望这个总结不仅为普氏原羚的保护提供有益的材料，对于其他珍稀物种的保护也能有所裨益。

第一章

# 为什么要关注普氏原羚

野生动物物种具备什么样的特征，会引起人们对其保护的关注？最简单的答案也符合人们的常识：数量稀少、分布区狭小并且在某区域特有，面临灭绝的危险。说起这些特征我们马上想到的是大熊猫和老虎，事实上，在中国还有一些鲜为人知的物种也符合这些特征，甚至更加珍稀。普氏原羚就是其中之一：它是中国青海湖周边特有物种，种群数量比大熊猫更少。它是中国的一级保护野生动物，世界自然保护联盟（International Union for Conservation of Nature and Natural Resources，IUCN）对它的评级为濒危（Endangered，EN）。

张璐　摄

## 1.1 普氏原羚的分类地位与外形

普氏原羚（*Procapra przewalskii*），属于偶蹄目（Artiodactyla）、牛科（Bovidae）、羚羊亚科（Antilopinae）、原羚属（Procapra）。根据《中国兽类野外手册》（Smith，Xie，2008），普氏原羚“头体长109～160厘米，肩高50～70厘米；体重17～32千克。体型中等，毛色沙褐，腹面白色，白色的臀斑被一条深色的中线分成两块。雄性的角向后弯曲，两角在向上生长前向两侧分开，角的尖端又相互靠近。”（图1-1A）；普氏原羚雌性无角（图1-1B）。通常民间称普氏原羚为“黄羊”，而这一俗名在不同地区可能代表不同的物种，比如藏原羚（*Procapra picticaudata*）、蒙古原羚（*Procapra gutturosa*）或者鹅喉羚（*Gazella subgutturosa*）。在普氏原羚与藏原羚分布接近或重叠的区域，人们会以“滩黄羊”（普氏原羚）和“尕黄羊”（藏原羚）来区分它们。一些当地人认为它们是在不同生境里的同一物种，甚至是同一物种的不同年龄阶段。这可能是这个濒危物种不为大多数人所认识的原因之一。由于普氏原羚成年雄性的角弯曲后的尖端明显相对是其重要的形态特征，有人建议将它命名为“对角羚”或“中华对角羚”，以明确其形态和地域特征。还有其他的命名建议，比如“青海原羚”等。

图1-1 普氏原羚形态。A为成年雄性，B为雌性（张璐 摄）

## 1.2　历史分布与变化

普氏原羚最早由俄罗斯探险家 Nikolai Przewalski 在 1875 年首次记录，并因他而得名。普氏原羚曾广泛分布于中国的内蒙古、甘肃、宁夏和青海等地区（蒋志刚，等，1995）。20 世纪 60 年代后由于毁灭性的滥捕滥猎（郑杰，2005）和草地开发造成的栖息地丧失，使得这个物种到 20 世纪 90 年代时仅在青海省还有少量的分布（Wang，Schaller，1996；蒋志刚，等，2003），且大部分种群生活在青海湖周边的小片栖息地内（Cai，等，1990；蒋志刚，等，1995）。Cai 等（1990）认为，1986 年时青海湖周边地区生活着少于 200 只普氏原羚。到 20 世纪 90 年代，对普氏原羚的数量估计约 200 只（Jiang，等，1996）到 300 只（魏万红，1998）。中国在 1988 年已将普氏原羚列为国家一级保护动物，并在 2001 年将普氏原羚纳入中国 15 大野生动植物保护工程。IUCN 在 1996 年和 2003 年将普氏原羚列为极度濒危（Critically Endangered，CR）物种。

更近的调查表明，普氏原羚的状况较之前稍有改善。2003 年，叶润蓉等（2006）记录了 602 只个体，发现现存 7 个普氏原羚分布区（图 1-2），即元者区、湖东克图区、海晏刚察区、塔勒宣果区、鸟岛区、生格区和切吉区，其中塔勒宣果区、生格区和切吉区为新的种群记录点。夏勒等（2006）在一次不完全的调查中记录了 471 只个体，章克家等记录到 490 只个体，并增加了一处新的分布区——哇玉（章克家，等，2007）。2008 年 IUCN 红色名录将普氏原羚降级为濒危（EN），因为这个物种不再满足 CR 的标准："目前估计种群成熟个体数量少于 250 只，并在最近的 3 年内种群数量持续下降了至少 25%。"

王大军 摄

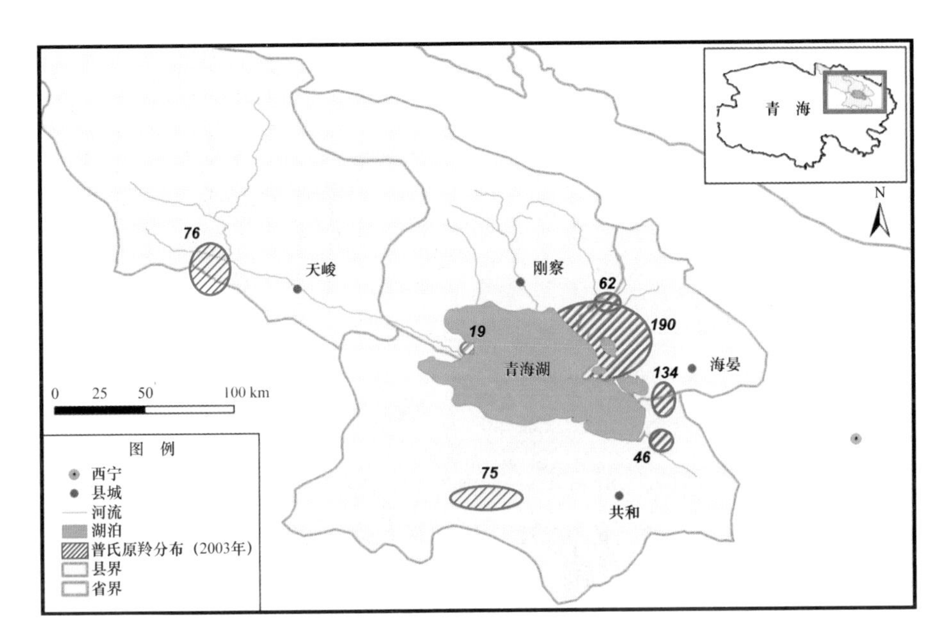


图 1-2　2003 年普氏原羚的分布和种群数量（数据来源于叶润蓉，等，2006），图上每个分布区旁边的数字表示每个种群的个体数量

## 1.3　普氏原羚的科学研究

普氏原羚的生态学研究，除了研究其基本的分布和种群数量外，更主要集中在研究其采食对策（包括采食植物种类、采食时间、采食地选择以及同家畜的食性比较）、昼间活动格局、集群行为、求偶交配行为、警戒行为以及栖息地选择等。

(1) 取食

普氏原羚是广食性物种，喜欢晨昏在人为干扰小、食物丰富度高的地方采食（蒋志刚，李迪强，1999；刘丙万，蒋志刚，2002）。李迪强等人观察到普氏原羚取食 5 科共 16 种植物（表 1-1），并且从普氏原羚粪便样品中可以分辨出赖草（*Leymus secalinus*）、芨芨草（*Achnatherum splendens*）、冰草（*Agropyron cristatum*）、波伐早熟禾（*Poa poophagorum*）、华扁穗草（*Blysmus sinocompressus*）、针茅（*Stipa capillata*）、苔草、披针叶黄华（*Thermopsis lanceolata*）、黄芪、冷蒿（*Artemisia frigid*）、沙蒿（*Artemisia desertorum*)、棘豆等 12 种植物的组织残片(李迪强,等,1999c)。

直接观察发现,普氏原羚的取食植物种类较多,日活动范围大。普氏原羚的雌性和幼体群占据的生境中,禾本科植物比例高、覆盖度大、人为干扰少,它们选择性地取食其植株顶端部分;而雄性群所在生境质量较差,取食植株的长度较长。普氏原羚的食性较广,甚至取食包括对藏系绵羊有毒的部分植物。普氏原羚在植物生长季对植物的选择性高,在非生长季则选择性下降(李迪强,等,1999c)。对鸟岛圈养的两只普氏原羚食性研究表明,在 8 月下旬至 9 月上旬,普氏原羚主要采食豆科(Leguminosae)、菊科(Compositae)和禾本科(Poaceae)三个类群的植物,其次是蔷薇科(Rosaceae)、蓼科(Polygonaceae)等植物(易湘蓉,等,2005)。

**表 1-1 普氏原羚食物组成**(李迪强,等,1999c)

| 豆 科 Leguminosae | 禾本科 Poaceae | 莎草科 Cyperaceae | 菊 科 Compositae | 蓼 科 Polygonaceae |
|---|---|---|---|---|
| 青海黄芪(*Astrgalus tanguticus*) | 芨芨草(*Achnatherum splendens*) | 华扁穗草(*Blysmus sinocompressus*) | 沙蒿(*Artemisia desertorum*) | 酸模(*Rumex acetosa*) |
| 多枝黄芪(*Astragalus polycladus*) | 扁穗冰草(*Agropryron cristatum*) | 异扁穗草(*Carex heterotachys*) | 冷蒿(*Artemisia frigid*) | 海韭菜(*Triglochin maritimum*) |
| 披针叶黄华(*Thermopsis lanceolata*) | 洽草(*Koeleria cristata*) | 粗穗苔草(*C. scabrirosfris*) | | |
| | 青海固沙草(*Orinus kokonorica*) | 细叶苔草(*C. stenophylla*) | | |
| | 草地早熟禾(*Poa pratensis*) | | | |
| | 紫花针茅(*Stipa purpurea*) | | | |

在青海湖东部的湖东种羊场一带,芨芨草群落、冷蒿-紫花针茅群落是普氏原羚的主要取食场所(李迪强,等,1999b)(图 1-3)。普氏原羚通常在人为干扰小、食物丰富度高的地方采食。草地围栏影响普氏原羚采食生境的选择:它们几乎不在围栏内采食,距围栏大于 1000 米则接近随机选择采食;不

在沙丘中采食，而在近沙丘处采食（刘丙万，蒋志刚，2002a）。

普氏原羚与藏系绵羊的食性重叠很大，草青期重叠率为61%，草枯期为81%（Liu，Jiang，2004）。与牦牛、藏系绵羊相比，普氏原羚食性较精，食谱较广，喜食莎草科植物，对禾本科的取食强度较低，对冷蒿、黄芪等选择性较高，对较高禾草只取食顶端2～5厘米处的部分（李迪强，等，1999a）。

图 1-3　芨芨草是青海湖北岸栖息地中普氏原羚经常食用的植被类型（卜红亮　摄）

普氏原羚和藏原羚的食性十分相似，两者之间食性重叠指数 Pianka's index *C* 在草青期和草枯期都达到了0.95（*C* 的取值范围为0～1，数值越大说明重叠程度越高）；但它们可能通过占据不同的取食地以减少彼此的竞争（Li，et al，2008）。

（2）昼间活动

普氏原羚昼间活动基本分为采食和卧息两种（陈立伟，等，1997）。采食是普氏原羚的主要活动之一，占其活动时间的40.8%～65.6%；采食主要在晨昏进行：有6:00～10:00、16:00～20:00两个采食高峰（刘丙万，蒋志刚，2002a）。春、夏、秋三季中，春季的采食时间最长（占整个昼间观察时间的65.6%）；夏季缩短为占45.9%；秋季最短，占40.0%（陈立伟，等，1997）。

奚志农 / 野性中国

(3) 集群行为

普氏原羚的基本社会组成包括：雌性群（41%）、雄性群（34%）、雌雄混合群（7.7%）和母子群；2～8只的群体出现频次最高（62.6%），单只群次之（21.9%），大于9只的群最少（15.5%），平均集群规模为5.44±0.37只（李忠秋，蒋志刚，2006）。普氏原羚在冬季交配季节形成50只以上的混合群体，但雄性及年老、体力差的个体常常单独活动（李迪强，等，1999b）；产羔期后雄性群和混合群规模略有增大，雌性群规模显著减小，并出现母子群（李忠秋，蒋志刚，2006），集群规模的季节差异显著（Lei，et al，2001）。

(4) 交配行为

普氏原羚的交配制度为求偶场交配制度。游章强和蒋志刚（2005）共记录到28种发情、求偶及交配行为，并将求偶交配过程分四个阶段：① 试探接近；② 靠近；③ 爬跨、交配；④ 看守。

(5) 生境选择

李迪强等（1999c）采用生境评价方法HEP就人类活动对青海湖地区普氏原羚生境的影响进行了分析，认为影响普氏原羚生境适合度的因素包括：基质类型、坡度、水源远近、植被类型与人类活动。在不考虑人类活动的情况下，普氏原羚的最适生境为典型草原，其次是灌丛沙地；考虑人类干扰时，普氏原羚生境的适合度等级出现明显变化（李迪强，等，1999c），适宜和次适宜生境面积分别减少了5.81%和33.09%（王秀磊，等，2005）。刘丙万和蒋志刚（2002b）在湖东地区的研究表明影响普氏原羚生境选择的主要生态因子是人为干扰和围栏，其次为食物丰富度、距沙丘距离和农业用地距离，植被类型、隐蔽条件和与公路距离对普氏原羚生境选择的影响不明显。

(6) 所受威胁以及威胁的变化

普氏原羚之所以如此濒危，历史上是由于毁灭性的滥捕滥猎造成的（郑杰，2005）。1988年，国务院颁布了《国家重点保护野生动物名录》，普氏原羚被列为国家一级保护野生动物。到2002年青海湖地区的枪支基本被完全收缴，偷猎得到有效控制，滥捕滥猎已不再是限制普氏原羚种群增长的主要因素（夏勒，等，2006）。然而，普氏原羚的种群数量并没有出现显著的增长，甚至有些小种群还出现了下降：20世纪90年代中后期蒋志刚等（2001）的调查数据显示，在湖东、青海湖东北部以及鸟岛共有约300只普氏原羚，叶润蓉等2003年的数据显示在同样的区域，普氏原羚数量为389只（叶润蓉，等，2006）；其中元者区的种群数量从1994年的80只下降到2003年的46只。尽管在不同的调查之间，因调查方法和调查人员的差异，调查结果的可比性存在一定的问题，但从总体趋势来看，普氏原羚种群的增长不明显。

影响种群恢复的因素包括两个方面：种群内部和种群外部。种群内部因素即种群的遗传多样性丧失，导致近交衰退。李娜（2006）对普氏原羚种群的遗传多样性的研究结果显示，6个小种群均具有丰富的遗传多样性。因此对普氏原羚来说，外部因素的影响可能占主导地位。根据文献，来自外部的影响因素包括：狼的捕食（李迪强，等，1999b）、家畜的增加（魏万红，等，1998；蒋志刚，等，2001；刘丙万，蒋志刚；2002a）、围栏的大量兴建（夏勒，等，2006；魏万红，等，1998；刘丙万，蒋志刚，2002c）、人为活动的干扰等（蒋志刚，等，2001；刘丙万，蒋志刚，2002b）。这其中，围栏的兴建和家畜的增加被认为是最主要的影响因素，然而目前还很少有针对这些影响因素的研究。Liu和Jiang（2004）对普氏原羚和家羊的食性做了比较，发现草青期两者的食物重叠比率为61%，草枯期为81%，因而得出结论，普氏原羚和家羊之间存在剧烈的食物竞争。而事实上，这样的食物重叠比率变化很可能说明普氏原羚和家畜之间不存在竞争，需要更多的研究来确定家畜和普氏原羚之间的关系，并进一步评估竞争对普氏原羚种群发展造成的影响。至于围栏对普氏原羚的影响，则很少有直接进行评估的研究。

(7) 遗传学研究

对鸟岛、湖东克图、元者和沙岛四个种群的遗传学分析发现，鸟岛与其他三个种群遗传距离远，亲缘关系远；其他三个种群遗传距离小但是基因交流少（Lei，et al，2003；蒋志刚，等，2004）。进一步研究发现人类定居点与公路影响着普氏原羚的遗传分化，其中人类定居点是最主要的影响因素（Yang，et al，2011）。李娜2006年的研究显示，普氏原羚哈尔盖亚种群的微卫星位点具有高度多态性，湖东克图种群与元者种群聚为一类，天峻种群和鸟岛种群聚为一类，其中湖东与元者种群间有丰富的基因流（李娜，2006）。

## 1.4　其他的原羚属动物

原羚属是中亚地区的特有属，仅有三个物种，包括普氏原羚、藏原羚（*Procapra picticaudata*）和蒙古原羚（*Procapra gutturosa*）。尽管目前从分布区来看，藏原羚和普氏原羚存在同域分布，而蒙古原羚的分布区相距较远，但有研究表明，蒙古原羚与普氏原羚的关系较藏原羚与普氏原羚的关系近(Lei，et al，2003)。蒙古原羚和藏原羚的现状明显优于普氏原羚，但也受到类似威胁因素的影响。

蒙古原羚曾经分布于北至贝加尔湖、南至黄河以北的广阔草原上(Sokolov，Lushchekina，1997)。直至20世纪60年代，河北省北部的承德地区、张家口地区都还有蒙古原羚分布（金崑等，2005)。目前，蒙古原羚在国内的分布主要集中在中蒙边界地区，并不断在中蒙两国之间移动（金崑，顾志宏，2005)；在国外，蒙古原羚主要分布在蒙古国东部的四个省：Dornod，Khentii，Sukhbaatar和Dornogobi；在西南部也有呈斑块状分布的小种群，分布区面积约19万平方千米（Lhagvasuren，Milner-Gulland，1997)。

藏原羚是青藏高原特有的物种，分布海拔在3000～5750米之间(MacKinnon，2008)，也是青藏高原上分布最广的有蹄类动物之一（Schaller，1998；Harris，Loggers，2004)。超过99%的藏原羚分布在中国西部的甘肃、青海、西藏、四川、新疆五个省区（Schaller，1998；MacKinnon，2008；Mallon，Bhatnagar，2008)。拉达克地区和锡金地区也有少量的藏原羚分布（Fox，et al，1991；Ganguli-Lachungpa，1997；Bhatnagar，2006；Namgail，2008)。

普氏原羚和蒙古原羚目前的分布区没有重叠，与藏原羚只在最西北角的天峻有同域分布（李忠秋，蒋志刚，2006；叶润蓉，等，2006)。藏原羚多栖息于山地草原（河谷、山间盆地及山坡)，普氏原羚则多栖息于平坦草原（湖周平原、山麓平原）(张荣祖，王宗讳，1964)。普氏原羚和藏原羚可从角形和体型两个方面区分：普氏原羚角形粗壮，在两个矢形面上弯曲，角尖对弯(图1-4)；藏原羚角形细长，仅在一个矢形面上弯曲（李忠秋，蒋志刚，2006）(图1-5)；普氏原羚体型较大（肩高50～70厘米，体重17～32千克)；

图 1-4　成年普氏原羚（雄性），其角的形状为其最重要的特征（奚志农 / 野性中国）

图 1-5　藏原羚的双角自额部几乎平行向上升起，与普氏原羚迥然不同（王放　摄）

藏原羚体型较小（肩高54～65厘米，体重13～20千克）；蒙古原羚的体型在三种原羚中最大（肩高60～84厘米，体重29～45千克）（冯祚建，等，1986；李德浩，等，1989；MacKinnon，2008）。

据估计，在20世纪40年代，蒙古原羚的数量约1500万只，其中2/3分布在蒙古国，1/3在中国境内。而到20世纪80年代，种群数量在35万～40万只（Sokolov，Lushchekina，1997）。但国内的蒙古原羚种群数量在20世纪末仅有8000余只（金崑，马建章，2004）。蒙古原羚整体的种群变化趋势不明，IUCN在红色名录上将蒙古原羚列为“无危”（Least Concern，LC）。在国内，蒙古原羚属于国家二级保护动物。

对于藏原羚的种群数量，尚未有在其整个分布区尺度的调查。Schaller估计20世纪90年代藏原羚的种群数量在10万只左右（Leslie，et al，2010）。IUCN物种存活委员会（Species Survival Commission）认为藏原羚的种群有下降的趋势，因而在2008年将其保护级别修订为“近危”（Near Threatened，NT）。在国内，藏原羚属于国家二级保护动物。

偷猎可能是蒙古原羚面临的最主要威胁，其影响程度正在不断地增加（Lhagvasuren，Milner-Gulland，1997）。乌兰巴托—北京铁路的修建阻断了铁路西边的小种群与东部的核心种群之间的联系（Ito，et al，2005）。而在国内，20世纪60年代以前蒙古原羚分布区的缩小主要是由于大规模的开垦草原以及人类生产活动增加所造成的；进入60年代以后，捕猎已成为蒙古原羚分布区缩小的主要原因（张自学，孙静萍，1995）。中蒙边界的铁丝网严重阻碍了蒙古原羚的南北迁徙，在遭遇灾害性天气时可能造成其大量死亡（金崑，马建章，2004）。

同样的，捕猎是造成藏原羚在拉达克地区数量下降的主要原因；在20世纪最后的20年里，尽管对猎杀进行了控制，但日渐增加的家畜阻碍了藏原羚种群的恢复，并有可能造成藏原羚数量的进一步减少（Bhatnagar，et al，2006；Namgail，et al，2008）。在青藏高原的其他地区，栖息地的减少、家畜竞争的增加、时有发生的偷猎以及越来越多的草地围栏对于藏原羚来说都是可能的威胁（Mallon，Bhatnagar，2008）。

普氏原羚是原羚属三个物种中分布面积最小、种群数量最少的一个，因此在IUCN红色名录上濒危等级最高。三种原羚目前面临着一些共同的威胁，例如，家畜增加造成竞争加剧、草地围栏的大量建设以及偷猎等。针对一个物种的研究可以为其他两个物种的管理和保护提供参考，具有相互促进的作用。

## 1.5 青藏高原的其他大型食草动物

在中国的研究和保护领域，食草动物所获得的关注远远低于食肉目的动物（尽管大部分食肉目动物也还未能获得应有的关注）。然而，地球上一半的陆地面积有大型食草动物分布，它们不仅承担重要的生态系统功能，同时具有重要的经济价值（Owen-Smith，1998）。野生食草动物的采食，影响着全球广大区域内生态系统的结构、组成和功能（Miles，1985；Martin，1993；Thompson，et al，1995；Pickup，et al，1998；Wallis de Vries，et al，1998）。高密度的大型食草动物可以影响景观的农业价值、保护价值以及环境价值（McShea，et al，1997）。大型食草动物可以通过狩猎（Williamson，Doster，1981；van der Waal，2000；Leader-Williams，2001）和生态旅游（Barnes，1999；Ogutu，2002）带来财政收入，但也会危害农田、森林和保护地，并且造成交通事故（Ratcliffe，1987；McShea，et al，1997；Ramsay，1997；Malo，2004）。

一方面，在发达国家，一些大型食草动物受益于气候与土地利用方式的改变、捕食者的移除和人类利用的减少，种群规模急剧扩大，需要采取管理措施以控制其数量，防止其对农业、森林和其他物种生境产生负面影响（McShea，et al，1997）。

另一方面，栖息地丧失、过度捕猎等因素使得一些地区大型食草动物种群规模急剧下降，成为亟待保护的物种（Beard，1988；Teer，et al，1996；Danz，1997）。目前全球450种有蹄类动物（Groves，Grubb，2011），除了7种绝灭，2种野外绝灭之外，还有108种处于极度濒危、濒危或易危的状态（IUCN，2012）。而且大型食草动物具有引人注目的外形（Stanley Price，1989；Bowen-Jones，2002），或在许多生态系统中属于关键物种（keystone species）（Danell，et al，2006），经常作为旗舰物种出现在保护管理计划中。

因此，保护和管理大型有蹄类动物非常重要，而坚实的科学研究基础能够使管理更加有效（Gordon，et al，2004）。

大型食草动物种群动态及其对自然资源影响的关键研究领域包括以下四个方面：① 大型食草动物种群动态的密度制约与非密度制约因素；② 种群对特定年龄、特定性别个体剔除的响应；③ 食草动物对植被从局部到景观层面的影响；④ 对保护生物多样性的意义（Gordon，et al，2004）。

目前青藏高原干旱草原上的大型食草动物中，普氏原羚与藏羚羊（*Pantholops hodgsonii*）被列为濒危物种（EN），野牦牛（*Bou mutus*）、鹅喉羚（*Gazella subgutturosa*）与白唇鹿（*Przewalskium albirostris*）为易危物种（VU），藏原羚为近危物种（NT），只有藏野驴（*Equus kiang*）为无危物种（LC）（IUCN，2012）。20世纪后半叶捕猎规模与效率的提高是导致上述物种数量急剧下降的主要原因（Mallon，2009）。而近20年来该区域社会经济的发展变化，更使得野生大型食草动物身处困境：农垦、城建、开矿、工业化使得野生动物栖息地减少或退化；公路、铁路和灌溉渠的建设阻碍了动物的迁移，加剧了栖息地的片段化；产权与放牧模式的变化导致网围栏的大量兴建，威胁野生动物的生存（Mallon，2009）。

普氏原羚是典型的干旱草原食草动物，是当前青藏高原上存活个体数量最少，分布区域最小的物种，所以是最濒危的野生动物之一。普氏原羚生活在人类活动较为集中的地区。这一区域生产生活方式近半个世纪以来经历了翻天覆地的变化，而这些变化给普氏原羚带来了各种新的威胁。在这一大背景下，研究普氏原羚种群动态与致危因素，不仅仅能够为这一濒危物种的保护提供科学依据，还可以为同样处于经济高速发展地区中的其他大型食草动物的保护工作提供参考。

## 1.6　青海湖

青海湖周边的草场，是目前普氏原羚主要的栖息地。

青海湖地处祁连山地东南部的青海湖盆地内，是中国面积最大的内陆咸水湖，也是全国最大湖泊（图1-6），湖区介于E 99°36′—E 100°47′，N 36°

32′—N 37°15′之间，湖面海拔3193.69米，东西长约109千米，南北宽约65千米，最窄处约20千米，周长约360千米，1992年，湖泊面积约4293.96平方千米，流域面积29 661平方千米，平均水深16米，最大水深27米（蒋志刚，等，2004；张忠孝，2009）。青海湖为挤压型断陷湖盆，目前湖中岛屿有海心山和三块石，原西北部的鸟岛、蛋岛及东北部的沙岛与陆地相连，湖东

图1-6　青海湖东北侧沙化的土地（王大军　摄）

岸由北而南出现了尕海、新尕海、海晏湾和耳海四个子海（张忠孝，2009）。青海湖理化性质复杂，水色透明度1.5～9.5米，最大10米，水色以青蓝色为主，兼有蓝、青、绿色。每年有4～5个月的结冰期；湖水pH 9.1～9.5，属于碱性微咸水，平均矿化度15.5克/升（张忠孝，2009）。湖水中生物营养元素含量低，水生高等植物极为稀少，浮游生物种类不多，浮游动物以原生动物为主，底栖动物种类更少；湖内鱼类以青海湖裸鲤为主，另有条鳅（张忠孝，2009）。青海湖湿地于1992年被列入国际重要湿地名录。

青海湖地区在中国植物区系分区上属于泛北极植物区内的青藏高原植物亚区的唐古特地区（吴征镒，1979）。该区主要土壤类型有栗钙土、黑钙土、

高山草甸土、草甸沼泽土、风沙土等；相应的植被类型有草原、高寒草甸、高寒灌丛、沼泽草甸及沙生植被等（陈桂琛，等，1991）。青海湖地区现代动物区系由一些青藏高原残余种、蒙新荒漠成分和横断山脉动物成分的深入种以及华北区系成分的侵入种构成（张荣祖，1999）。

作为中国最大的内陆湖泊，一个特殊的生态系统，今天的青海湖承载着多方面的使命。首先，青海湖是周边藏、蒙、回、汉等众多民族赖以生存的水生和草地资源，还将继续支撑持续增长的人口，尤其是畜牧业的生存和发展；其次，作为一个知名的旅游目的地，来自全球的人们到此享受凉爽清新的空气和黄花碧海的风景，给当地带来财富的同时，也给环境保护带来巨大压力；青海湖周边湿地还是世界重要的鸟类栖息地（图 1-7），承载着生物多样性保护的重要使命，这与旅游业和畜牧业的发展不可避免地形成了一些冲突。普氏原羚的保护，作为物种保护的重要一环，目前并未受到应有的关注。希望科学的信息能够提供更多提升保护管理的支撑，更重要的是找到动物、草原和人的经济发展之间的平衡点。

图 1-7 冬季，青海湖吸引几千只天鹅来越冬（王放 摄）

刘佳子　摄

第二章

# 普氏原羚的分布和种群数量

濒危物种管理所需的最基本信息就是其种群大小和栖息地分布。针对普氏原羚的研究也毫不例外地从这里开始。如同任何一个野生动物的研究一样，准确了解种群大小是一个挑战：第一，野生动物总是试图躲避人的靠近，我们永远无法看到它们的全部；第二，野生动物的栖息地是复杂的，适合隐蔽的；第三，调查的过程，需要一个时间段，这个时间段里面，野生动物的种群是变化的，出生、死亡、迁入、迁出总在发生。但是，多年的实践中，研究者们总结出了很多基于野外调查数据的数学方法，来“估算”种群，这种“估算”的结果，往往是一个范围而不是一个固定的数字，这个范围的宽度和准确程度取决于投入工作量的大小和估算方法的精准度。针对普氏原羚的种群调查，我们试图把野外工作量最大化，寻找最优的方法，以及将多种方法相互印证，以期接近实际情况。

## 2.1 背景

准确的物种分布和种群数量是物种研究和保护的基础信息，对于普氏原羚这样的濒危物种来说，这样的信息尤为重要。2003 年，叶润蓉等记录了 7 个普氏原羚分布区，即元者区、湖东克图区、海晏刚察区、塔勒宣果区、鸟岛区、生格区和切吉区，并描述了各个分布区的大致范围（叶润蓉，等，2006）。例如，对元者区的描述为："该地区的普氏原羚分布于湖东种羊场以南，倒淌河以北，在环湖东路和元者村之间，地理位置约为 E100°46′—E100°53′，N36°30′—N36°36′，分布区面积约 60 平方千米，分布海拔为3214～3256 米。"这样的描述对于缺乏研究的普氏原羚来说，无疑填补了部分信息空白。但如果要作为基础信息，帮助回答诸如"为什么普氏原羚分布在这里而不是分布在那里"，"哪些因素影响了普氏原羚的分布"之类的问题，这样的描述显然还不够。因为普氏原羚的分布范围相对较小，我们可以在调查中直接记录普氏原羚实体位置，用以显示普氏原羚在各区域的详细分布。同时，采用系统布设的平行样线收集普氏原羚粪便位置，除了可以得到确切的分布边界，也可用以比较分布区内不同区域普氏原羚的活动密度高低。

传统的种群密度调查采用样带法或样方法，其假设是在一定的观察范围内，所有个体都被计数（Cochran，2007）。但这个假设在很多情况下都是不成立的。截线法（distance sampling）是对传统的样带调查方法的改进，其最基本的假设是：对动物个体的探测概率在样线上为 1，探测概率随个体到样线距离的增加而降低，可以用函数描述探测概率随距离增加而降低的形式（Buckland，et al，1993）。截线法是在大范围内估计大中型野生动物种群的优良方法之一，但使用此方法需要满足几个前提（Anderson，et al，1979；Burnham，et al，1980；Buckland，et al，1993）：① 位于样线上的观测目标的发现概率为 1（即样线上所有目标都能被观测到）；② 样线是随机布设的，或至少是客观选定的；③ 在观察者测量出观察目标距离样线的距离之前，目标（动物或动物群）不会有远离或靠近样线的移动；④ 观测目标与样线的垂直距离测量准确；⑤ 样线的各段均为直线；⑥ 观测目标被观察到的概率不受其大小（如果是群体，则为群体大小）的影响，否则必须进行校正；⑦ 遭遇观察目标是独立事件（即观测到某一特定目标并不影响观测到其他目标的概率）。

另外，为了得出探测函数及其方差的可靠估计值，样本量（被观测的目标数）必须足够大，Burnham 等（1980）建议每一个估计值的样本量至少为 40。

截线法实际包括两种调查方法：样线法（Line transect）和样点法（Point transect）。样线法可被视为传统样带法的推广，它正被越来越多地应用于各种动物类群的种群调查（Plumptre，2000；Marques，et al，2001；Calambokidis，Barlow，2004）。样点法可视为极端（长度为零）的样线法，适用于调查鸟类密度，也适于在斑块异质性高的生境内进行调查（Buckland，et al，1993）。另有两种样点法的应用形式：Trapping web 和 Cue count。对适用于陷阱抓捕的动物（如，两栖类、爬行类、小型兽类和昆虫），都能使用 Trapping web 进行密度估计（Anderson，et al，1983；Wilson，Anderson，1985；Parmenter，Macmahon，1989）；Cue count 常被应用于海兽和鸣禽的密度调查（Hammond，1995；Buckland，Handel，2006；Rivera-Milán，Bonilla-Martinez，2007；Robbins，et al，2009）。

标记-重捕（Mark-recapture）法是另一种适用于估算大型野生动物种群密度的方法。但因普氏原羚个体特征不明显，无法直观地加以区分；又因其数量稀少，很难进行抓捕并标记，故标记-重捕法并不适用于调查普氏原羚种群密度。

鉴于普氏原羚的分布区比较小且个体观察相对容易，我们采取样带法对整个分布区进行了种群数量普查，并在青海湖北部普氏原羚分布最为集中的区域使用样线法，系统地布设平行样线，对普氏原羚种群数量进行调查，以便于完善种群普查的信息，比较不同调查方法的效果。

## 2.2　研究方法

### 2.2.1　调查区域

我们在所有已知的普氏原羚分布区进行了调查（$n=6$，图 2-1 和表 2-1）。这些区域分布在位于青藏高原东北角的青海湖盆地和相邻的共和盆地

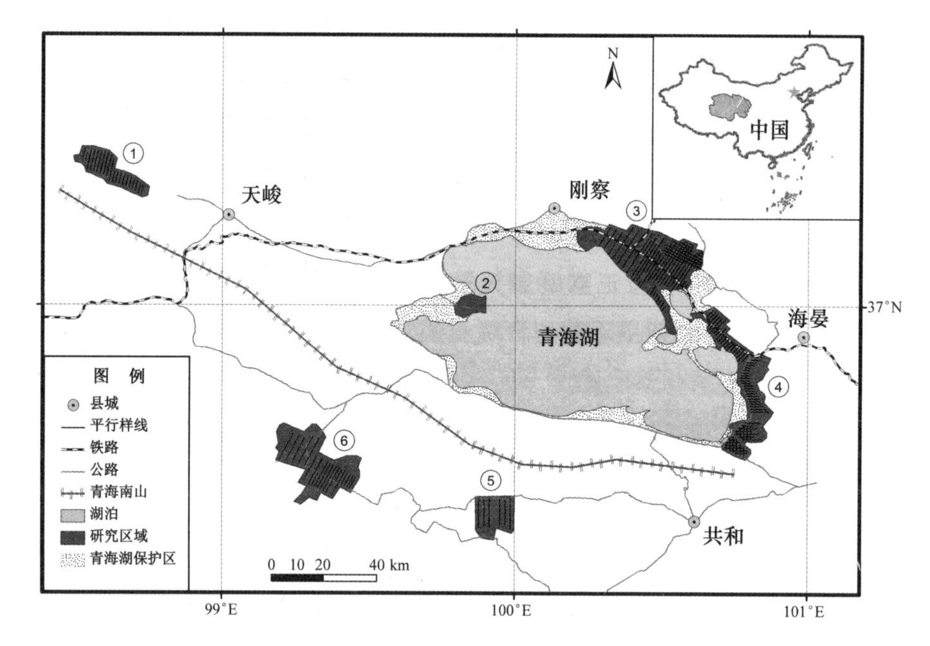


图 2-1　调查区域的分布示意，按照顺时针方向在图上标出序号：① 天峻；② 鸟岛；③ 青海湖北部地区；④ 青海湖东部地区；⑤ 切吉；⑥哇玉。前面 4 个地区属于青海湖盆地，后两个地区属于共和盆地。右上角小图中红色星形代表北京，红色三角形代表调查区域。调查区域的基本信息见表 2-1。

(E98°24′—E100°54′，N36°12′—N37°36′)。青海湖海拔 3200 米，共和盆地平均海拔 3000 米，两个盆地以青海南山相隔。青海湖周边地区年平均气温在 0℃左右，年降水量约 400～500 毫米。共和盆地相对更加温暖而干燥，年平均气温在2℃左右，年降水量约200毫米(张忠孝，2004)。青海湖周边的主要

**表 2-1　对普氏原羚的分布和种群数量调查区域** (2008—2009)

| 编号 | 地区名 | 调查面积/平方千米 | 主要植被类型 |
|---|---|---|---|
| 1 | 天峻 | 181 | 高寒草甸 |
| 2 | 鸟岛 | 58 | 高寒草原，盐生草甸 |
| 3 | 青海湖北部地区 | 657 | 高寒草原（散布有农田、沙地和季节性湿地） |
| 4 | 青海湖东部地区 | 436 | 高寒草原（含有大面积沙地） |
| 5 | 切吉 | 165 | 荒漠灌丛 |
| 6 | 哇玉 | 421 | 荒漠灌丛 |

注：植被类型信息来源于《青海地理》(张忠孝，2004)。各地区的编号与图 2-1 的序号相对应。

植被类型为高寒草原、高山草甸和高山灌丛（张忠孝，2004）。在湖的北部和东部地区分布有农场和村庄，靠近湖边还有小片沙地，从而使湖区的地表呈现不同景观的组合。共和盆地的主要植被为沙漠灌丛（张忠孝，2004）。

研究区域涉及4个县：海晏县、刚察县、天峻县和共和县，以及一个国家级自然保护区——青海湖国家级自然保护区。海晏县和刚察县属于海北藏族自治州（以下称“海北州”），天峻县属于海西蒙古族藏族自治州（以下称“海西州”），共和县属于海南藏族自治州（以下称“海南州”）。三个州都是多民族聚集地区，世居民族有藏、汉、回、蒙古、撒拉、土等民族。汉族人口仍占主体，在海北州占42%，在海西州占85%，在海南州占36%；藏族人口在海北州占21.3%，在海西州占11.4%，在海南州占56%，为第二大人口组成。

青海湖自然保护区成立于1975年，并于1997年升级为国家级自然保护区，保护面积为4952平方千米（包括湖面面积）。保护区以环湖的三条公路为界（315国道，109国道和环湖东路），除了鸟岛保护站内的核心区外，其他区域内均有牧民生活，在草地上放牧牛羊。同时，保护区内还有几个著名的旅游景点。

### 2.2.2　普氏原羚种群的分布

自2007年10月至2009年11月，根据文献记载（叶润蓉，等，2006；章克家，等，2007），我们在所有已知的普氏原羚分布区进行了调查（图2-1）。在青海湖保护区工作人员的帮助下，我们先对附近社区进行走访，以确定普氏原羚的大致分布范围；然后布设覆盖整个区域的平行样线。首先在每个分布区内生成一个随机点（使用ArcGIS 9.2的Create Random Points功能），布设一条经过该点并垂直于附近主要公路的样线，其他样线平行于该条样线，并以1000米的间隔均匀覆盖整个预计的分布区域。在青海湖北部和哇玉的部分区域，由于人力有限，平行样线的间隔为2000米。在青海湖的北部和东部区域，另布设了一套与已有样线垂直的平行样线，以确定这些分布小区在垂直方向上的边界（图2-1）。所有样线均以步行实施。通常每天有3支调查队伍（每队至少2人）同时调查相邻的样线。在整个调查期间，调查队伍的数量变化从1～5支不等，根据人力情况进行调整。当发现普氏原羚群体时，使用 GPS 记录观察者在样线上的位置，估计普氏原羚群距该点的距离，并使用罗盘测量群体所在位置的角度。同时，如在样线上左右各 2 米之内发现普氏原羚粪便，使用 GPS 记录其位置。普氏原羚的粪便很容易与绵羊和山羊粪便相区分，与家羊粪便相比，普氏原羚的粪便形状较不规则，颗粒更细长，一头较尖细，且粪便颗粒多聚集成堆，而家羊的粪便颗粒多散布。对于不能确定种类的粪便，不予记录。平行样线调查共进行了 3 次：2009 年 4 月 13 日至 6 月 3 日，8 月 4 日至 24 日以及 10 月 31 日至 11 月 22 日，覆盖了除鸟岛以外的所有普氏原羚分布区。

除天峻县外，其他地区均使用样线上记录的普氏原羚粪便位点及种群调查中记录的普氏原羚实体位点来确定各分布小区的边界。天峻县是唯一一个有普氏原羚和藏原羚同域分布的区域。因为普氏原羚和藏原羚的粪便在野外无法区分，只使用实体的位置点来显示普氏原羚在天峻县的分布。相对而言，普氏原羚较大且毛色发红，藏原羚较小且毛色发灰（MacKinnon，2008），此外，两者的雄性具有不同形状的角，因而通常我们能够很好地区分普氏原羚和藏原羚实体。

将 2007 年 10 月至 2009 年 11 月间所有调查中得到的普氏原羚实体位点和粪便位点在 ArcGIS 9.2 中合并成一个图层（天峻只使用实体位点），按区域分别使用 Hawths tool 里的 Fixed Kernel Density Estimator 计算相对分布范围。Fixed Kernel Density 一般用于计算动物个体的家域（home range）及对家域内各处的使用强度，这里我们将这一概念扩大为一群动物的分布范围（Utilization Distribution）。考虑到两条平行样线间的距离为 1000 米，我们将所有区域的 smoothing parameter（*h*）（也称为 window width 或 bandwidth）都设为 1000 米。选择 95 percent volume contours（95 PVC）作为每个区域的分布范围，计算面积。因为 *h* 对计算结果的影响比较大（Horne，Garton，2006），最后所得各分布区的面积更适用于各区域之间的比较，而非给出每个分布区的绝对面积。

所有分布区都需要确认是否存在如铁路、公路之类的可能障碍物，这些障碍物可将分布区分隔成相对独立的小片区域。因为在天峻县同域分布着普氏原羚和藏原羚，为了区分两者之间在栖息地利用上是否存在差异，我们还比较了两种原羚群体位置的坡度和海拔差异（使用 SPSS 15.0 的

图 2-2　在天峻县普氏原羚与藏原羚栖息地有重叠。通常普氏原羚活动在河滩平地，藏原羚在山坡，但偶尔会靠近甚至混群。本图片右下为 3 只普氏原羚雄性个体，其余为藏原羚（王大军　摄）

Mann-Whitney *U* 检验）。海拔和坡度数据来自 30 米的 DEM（Digital Elevation Model，数字高程模型），下载自中国科学院国际科学数据服务平台（http://datamirror.csdb.cn）。

### 2.2.3　普氏原羚的种群大小

(1) 直接计数（Total Count）

我们在每个分布区内进行直接计数，以得到普氏原羚种群的最小存活估计（minimum number alive）。调查队一般由 2～3 人组成，在早晨（自日出至上午 11 时左右）进行路线调查（步行或者乘车），记录所遇见的普氏原羚群体大小和位置。路线布设时参考我们的前期工作和当地牧民的经验，以便记录到尽量多的普氏原羚个体。调查者使用双筒或单筒望远镜寻找普氏原羚，使用 GPS 记录观察者的位置，使用罗盘记录观察角。普氏原羚群的观察距离则是估计的。所有调查人员在开始调查之前要对距离估计进行统一训练，利用测距仪调整每个人对距离的估计，提高调查人员对距离判断的准确性。调查过程中尽量避免重复计数，如在短时间内遇到同样数量和组成的群体，后一群普氏原羚将不被记录。如果一个分布区面积太大，一个调查队不能在一天之内完成调查，则将该区域划分成小片区域，组成多个（至多4个）调查队伍（每队至少2人）同时进行调查。每个分布区计数2～4次（1次计数在1天内完成），共进行4次调查：2008年1月10日至25日，2008年2月27日至3月2日，2008年7月10日至8月5日，2008年12月4日至2009年1月4日。2月份进行的是不完全调查，主要关注天峻县的种群。7月和12月的调查覆盖范围比1月大：青海湖北部的哈尔盖火车站以西，以及哇玉村以西部分区域在1月调查中没有涉及，但包含在另两次调查中。对于每一个分布区，选取样线调查中得到的单日最大计数作为该种群的最小存活估计。

将2008年12月调查所得到的各小种群数量除以95 PVC面积，可以得到每个分布区内的普氏原羚个体密度。统计2009年春季调查进行的平行样线落在各分布区95 PVC范围内的长度和样线上记录的普氏原羚粪便数量，两者相除得到每个分布区的相对粪便密度，然后比较个体密度与粪便密度之间的相关性。因为同域分布的藏原羚可能产生干扰，天峻县区域的普氏原羚相对粪便密度不能与其他区域做对比，因此不列入分析。另外，为检验步行和乘车是否对调查结果产生影响，我们还比较了在95 PVC内的路线上两种调查方式所得结果的遇见率（encounter rate）（每千米路线上记录到的普氏原羚个体数）。

（2）截线法

使用DISTANCE软件（Thomas，et al，2009）分析青海湖北部区域（包括哈尔盖-甘子河_北，哈尔盖-甘子河_南，以及塔勒宣果）平行样线上所得的普氏原羚实体数据，并与直接计数得到的种群数量相比较。将野外记录到的普氏原羚群体的观察距离在软件Perpendicular Distance Calculator 1.2.2（Ersts，2005；美国自然历史博物馆，http://biodiversityinformatics.amnh.org/open_source/pdc/）里转换成到样线的垂直距离，并导入DISTANCE 6.0，使用CDS（Conventional Distance Sampling）方法进行分析。首先对记录进行截断处理（Buckland，et al，1993），垂直距离大于600米的记录都被去除，去除率为8%。因为在野外以50米的间隔记录观察距离（例如，记录距离为50米，100米，150米），故在进行距离分析时把垂直距离分成了6个100米的区段（0～100米，100～200米，200～300米，300～400米，400～

500 米，500～600 米)，以减少距离估计带来的误差。将群大小的自然对数与垂直距离做回归分析，如果回归在0.15的显著性水平上显著，则使用距离校正的群大小；如果回归不显著，则使用平均群大小来计算个体密度。Buckland 等（1993）提供了几种可能描述探测概率的模型，基于三个指标(Robustness，Desired Shape，Efficiency）对这几种模型进行了试验比较。因为 Akaike 信息标准（Akaike's Information Criterion，AIC）（Akaike，1973）和卡方拟合优度检验（Chi-square Goodness-of-fit）结果都显示几种模型对数据具有相似的拟合优度，遂以 AIC 加权平均建立组合模型。

## 2.3　结果

### 2.3.1　普氏原羚的分布现状

所有调查共记录到 1254 个普氏原羚群体位点，2449 个粪便位点。在所有 6 个调查区域中，5 个区域发现有普氏原羚分布：① 天峻；② 鸟岛；③ 青海湖北部地区；④ 青海湖东部地区；⑤ 哇玉（图 2-3～图 2-6)。切吉区域内没有发现任何普氏原羚个体或痕迹。

生活在天峻县的普氏原羚属于同一个种群，分布在布哈河两岸（图2-5)。虽然两种原羚的混合群也曾被观察到，但记录显示，相比于普氏原羚，藏原羚一般占据海拔较高和坡度较陡的生境：藏原羚群体位置点（$n = 145$）的平均海拔为（3700 ± 70）米，普氏原羚（$n = 297$）则为（3644 ± 51）米，Mann-Whitney $U = 10\ 555$，$P < 0.01$；藏原羚群体位置点的平均坡度为（7.0 ± 5.0)°，而普氏原羚为（5.7 ± 4.0)°，Mann-Whitney $U = 18\ 289$，$P = 0.01$。

约有 20 只普氏原羚生活在鸟岛地区。这个区域是青海湖自然保护区的核心区，同时也是著名的旅游景点。只有 2008 年 1 月的调查覆盖这个区域，共记录到 19 只普氏原羚个体。

315 国道和青藏铁路横穿整个青海湖北部的普氏原羚分布区，将这一地区分成了相对独立的 3 个小区：塔勒宣果（315 国道以北)、哈尔盖-甘子河 _ 北（315 国道和青藏铁路之间)、哈尔盖-甘子河 _ 南（青藏铁路以南至青海湖边)（图 2-3)。

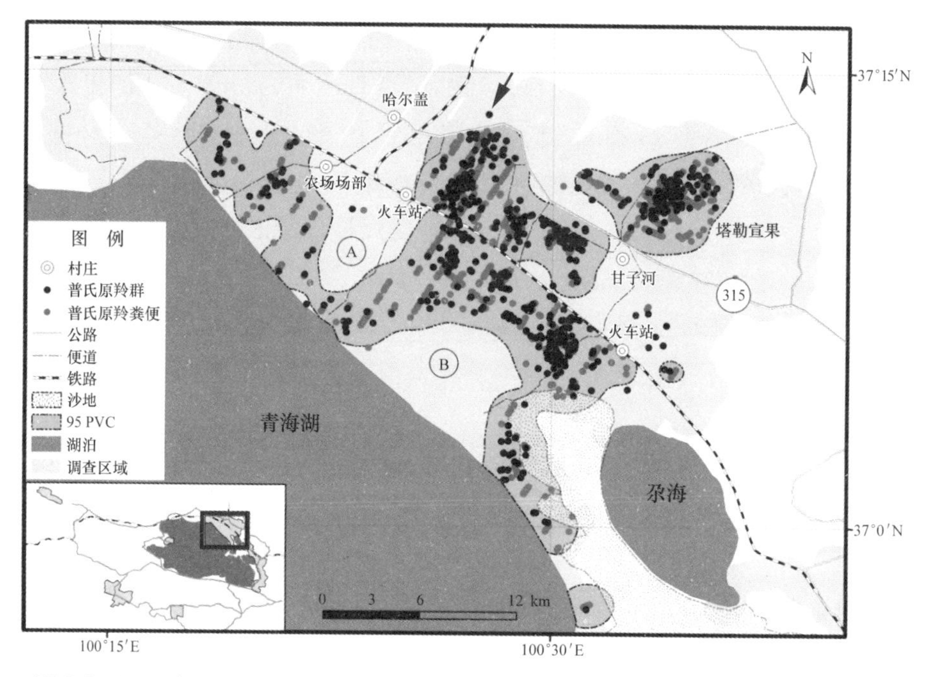


图 2-3　2008 年 1 月至 2009 年 11 月间所有调查记录到的青海湖北部地区普氏原羚群体和粪便位置。浅灰色区域显示所有调查的覆盖范围，由样线生成的缓冲区（左右各 1000 米宽度），与图 2-4～2-6 中灰色区域相同。95PVC 为使用 Fixed Kernel Density 计算得出的 95% Volume Contours

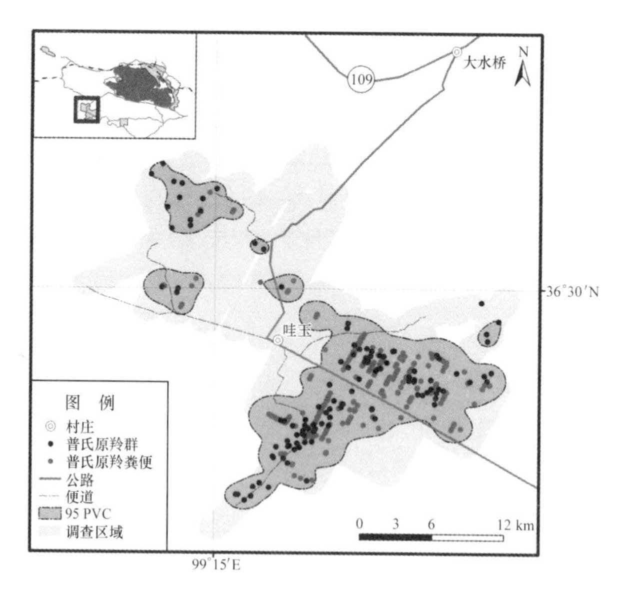


图 2-4　2008 年 1 月至 2009 年 11 月间所有调查记录到的哇玉地区普氏原羚群体和粪便位置。109 国道是原有的青藏公路，将很快被新建的经过哇玉的公路所取代

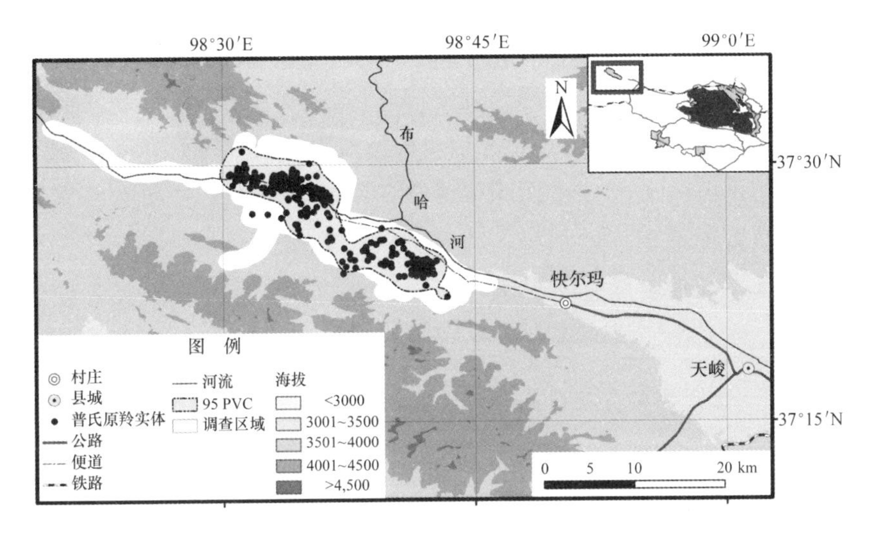


图 2-5　2008 年 1 月至 2009 年 11 月间所有调查记录到的天峻地区普氏原羚群体和粪便位置

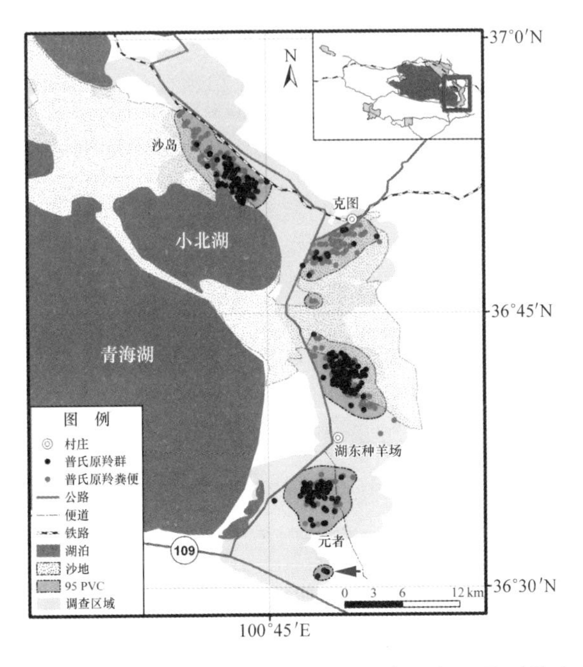


图 2-6　2008 年 1 月至 2009 年 11 月间所有调查记录到的青海湖东部地区普氏原羚群体和粪便位置

普氏原羚在青海湖东部分布在四个区域内：沙岛、克图、湖东以及元者（图 2-6）。环湖东路将沙岛分布区与其他三个分布区相隔开来。元者分布区则由湖东种羊场和附近的牧户与湖东分布区分隔。湖东和克图分布区的普氏原羚可视为同一种群，而沙岛、元者分布区的普氏原羚属于相对独立的两个种群。

每个分布小区的大致分布面积如表 2-2 所示。个体密度和粪便密度都可以作为普氏原羚种群密度的指标，两者之间呈现相互对应的关系：一般种群密度高的区域，粪便密度也高。两者差异最大的区域是元者，其粪便密度明显偏低。这可能是由于样本量太小造成的。

**表 2-2　普氏原羚分布区的相对个体密度和平行样线上的粪便密度**

| 分布区 | 95PVC 面积 / 平方千米 | 种群数量 / 只 | 种群密度 / (只・平方千米⁻¹) | 样线长度 /千米 | 样线上的粪便数 /堆 | 粪便密度 / (堆・千米⁻¹) |
|---|---|---|---|---|---|---|
| 天峻 | 108 | 282 | 2.6 | 72.4 | — | — |
| 哈尔盖-甘子河_北 | 50 | 182 | 3.6 | 38.4 | 90 | 2.3 |
| 哈尔盖-甘子河_南 | 155 | 340 | 2.2 | 99.2 | 229 | 2.3 |
| 塔勒宣果 | 33 | 45 | 1.4 | 51.0 | 91 | 1.8 |
| 沙岛 | 35 | 113 | 3.2 | 29.1 | 94 | 3.2 |
| 湖东 | 58 | 97 | 1.7 | 45.2 | 100 | 2.2 |
| 元者 | 32 | 53 | 1.7 | 18.3 | 15 | 0.8 |
| 哇玉 | 175 | 179 | 1.0 | 59.2 | 110 | 1.9 |

## 2.3.2　各分布区的种群数量

分析结果显示，步行（3.1 只/千米，$n=63$）和乘车（3.4 只/千米，$n=79$）调查路线上所得遇见率没有显著差异（Mann-Whitney $U=2388$，$P=0.68$），说明两种调查方式对结果没有影响。因相对调查努力的差异，几次直接计数调查得到的种群大小不尽相同；2008 年 12 月的调查结果为 1320 只，可作为普氏原羚种群的最小存活个体数量（表 2-3）。

**表 2-3　2008 年 4 次调查得到的每个分布小区的普氏原羚种群的最小存活个体数量**

| 编号 | 区域名 | 最小存活个体数量 | | | |
|---|---|---|---|---|---|
| | | 2008 年 1 月 | 2008 年 2 月 | 2008 年 7 月 | 2008 年 12 月 |
| 1 | 天峻 | 196 | 276 | 193 | 282 |
| 2 | 鸟岛 | 19 | — | 24[a] | 29[b] |
| 3 | 哈尔盖-甘子河_北 | 173 | — | 172 | 182 |

续表

| 编号 | 区域名 | 最小存活个体数量 | | | |
|---|---|---|---|---|---|
| | | 2008 年 1 月 | 2008 年 2 月 | 2008 年 7 月 | 2008 年 12 月 |
| 4 | 哈尔盖-甘子河 _ 南 | 89[c] | — | 121 | 340 |
| 5 | 塔勒宣果 | 31 | — | 36 | 45 |
| 6 | 沙岛 | 112 | — | 39 | 113 |
| 7 | 湖东 | 84 | — | 56 | 97 |
| 8 | 元者 | 31 | — | 46 | 53 |
| 9 | 切吉 | 0 | — | — | 0 |
| 10 | 哇玉 | 90[d] | — | 92 | 179 |
| | 总计 | 825 | — | 755 | 1320 |

注：a，b. 来自青海湖保护区的监测数据；

c. 不完全的计数，2008 年 1 月的调查只覆盖了哈尔盖-甘子河 _ 南分布区约 2/3 的范围；

d. 不完全的计数，2008 年 1 月的调查只覆盖了哇玉分布区约 1/2 的范围。

### 2.3.3　直接计数与截线法结果的比较

在青海湖北部区域（包括哈尔盖-甘子河 _ 北，哈尔盖-甘子河 _ 南，塔勒宣果）约 460 千米平行样线上共记录到 65 群普氏原羚，总个体数量为 1072 只，平均群大小为 16.4 只（95%置信区间：11.3～23.9）。而在 2008 年 12 月进行直接计数调查中，该区域内记录的普氏原羚种群数量为 576 只。

DISTANCE 分析前的截断处理使样本量由 65 群减少至 60 群。在四种探测概率模型中，关键函数 Uniform + 校正项 Cosine 是 AICc 最小的模型，但其他三个模型——Uniform + Simple polynomial、Half-normal 以及 Hazard-rate 都有相似的 AICc，它们与最小 AICc 之间的差值都小于 2（表 2-4）。一般认为 $\Delta AIC<2$ 的模型为等效模型（Burnham，Anderson，2002），我们对这四个模型进行了平均，使用 bootstrapping 对样本进行重取样（重取样数为 999 次）。因为群大小的自然对数与垂直距离的回归不显著（模型 Uniform + Cosine 的斜率为 −0.247，$t=-0.041$，$P=0.378$，其他模型的回归结果类似），平均群大小被用以计算个体密度，而非使用距离校正的群大小来计算。DISTANCE 最后给出的普氏原羚群体密度为 0.31 群/平方千米（95%置信区间：0.16～0.54），个体密度为 4.71 只/平方千米（95%置信区间：1.99～7.87）。青海湖北部区域样线覆盖范围为 357 平方千米，用这样的个体密度最后计算出种群数量为 1653 只（95%置信区间：712～2810）。

**表 2-4 青海湖北部地区普氏原羚种群数量的模型及各参数***

| 探测函数 | Uniform | Uniform | Half-normal | Hazard-rate |
|---|---|---|---|---|
| 附加项 | Cosine | Simple polynomial | | |
| AICc | 208.45 | 209.42 | 208.69 | 209.85 |
| $\chi^2$ (*df*) | 1.34(4) | 2.33(4) | 1.57(4) | 0.68(3) |
| Chi-*p* | 0.85 | 0.67 | 0.81 | 0.88 |
| *f*(0) | 0.0025 | 0.0023 | 0.0025 | 0.0030 |
| 探测概率 *P* | 0.66 | 0.73 | 0.67 | 0.56 |
| *DS*(SE) | 0.29(0.05) | 0.26(0.04) | 0.28(0.05) | 0.34(0.11) |
| *D*(SE) | 4.72(1.22) | 4.25(1.06) | 4.61(1.22) | 5.51(2.15) |
| *N*(SE) | 1686(437) | 1516(380) | 1645(434) | 1966(768) |

注：* 因为各模型对数据的拟合优度相近，遂以 AIC 加权平均建立组合模型。AICc：Akaike 信息标准；(*df*)：卡方拟合优度检验值（自由度）；Chi-*p*：具有更高卡方值的可能性；*f*(0)：样线上概率密度函数的值；探测概率 *P*：在观测范围内发现普氏原羚的概率；*DS*(SE)：群密度（标准误）；*D*(SE)：个体密度（标准误）；*N*(SE)：观测范围内普氏原羚的种群数量。

## 2.4 讨论

### 2.4.1 普氏原羚种群的分布

本研究的调查总共记录到 9 个相对独立的普氏原羚分布区（表 2-3）。与叶润蓉等（2006）在 2003 年的调查结果相比，除切吉外，其他普氏原羚分布区都有普氏原羚生活。切吉种群由叶润蓉等于 2003 年首次报道，记录到 75 只个体。我们在 2008 年 1 月的调查中没有在切吉发现任何普氏原羚实体；2008 年 12 月又在切吉布设了总长度为 63.5 千米的样线，没有发现任何普氏原羚实体或痕迹（粪便、足迹等），切吉地区目前可被认为是没有普氏原羚分布的区域。

在青海湖北部和东部区域，我们的调查路线覆盖了已知的全部普氏原羚分布区，但在两个小区域调查力度有待加强：① 2009 年 11 月的调查中发现有少数普氏原羚在倒淌河南岸活动（图 2-6，红箭头所示），而这个区域在之前都被认为是没有普氏原羚活动的，因此，元者分布区的边界需要更多调查来确定；② 哈尔盖-甘子 _ 南和沙岛之间有一大片沙地（图 2-6），我们并不确定普氏原羚是否会将这片沙地用做种群之间的通道，也就是说，我们不确定这两个种群之间是否存在个体或基因交流。

在青海湖北部，我们在人类活动频繁的区域（例如，村庄或火车站附近）几乎没有记录到普氏原羚的实体或者粪便（图 2-3），显示普氏原羚可能回避人类活动密集区域。同时，该地区内另有两个区域（图 2-3 中的 A 和 B）几乎没有普氏原羚活动，地面调查证实区域 A 是大面积的耕地（属于青海湖农场），区域 B 是季节性的湿地（冬季无水），表明普氏原羚可能回避这两类植被类型。在调查中我们观察到有一群约 20 只个体的普氏原羚有时候会从哈尔盖-甘子河 _ 北穿过 315 国道进入北边的草地觅食（图 2-3 的红箭头所示位置），但我们在样线上没有发现任何活动痕迹。这样的结果可能表示哈尔盖-甘子河 _ 北种群在增长，相对的，其分布区需要扩张。我们认为塔勒宣果是相对独立的分布区，因为沿着 315 国道都没有发现普氏原羚的活动痕迹（图2-3）。青藏铁路对于普氏原羚来说是一个几乎不可逾越的障碍，因为铁路两侧有高于 1.7 米的连续围栏，阻碍了青海湖北部地区普氏原羚种群之间的交流（图 2-3，图 2-7）。甘子河火车站和哈尔盖火车站之间（距离为 10 千米）有 8 个大小不一的铁路涵洞和 5 座铁路桥，但大部分涵洞和桥都很低矮且窄，较大的几个涵洞则经常被人和家畜使用（图 2-8）。我们没有观察到普氏原羚使用任何一个涵洞，也没有在涵洞周围发现普氏原羚的粪便等活动痕迹，因而认为铁路南北的普氏原羚属于相对独立的群体。这个结论需要更多的证据来验证。

图 2-7　青海湖北侧的青藏铁路，成为普氏原羚狭窄栖息地内的一个分割因素（刘佳子　摄）

图 2-8　铁路桥下保留了一些人可以通过的通道，但是通道两侧被围栏拦住（图片中作为标尺的志愿者身高约为 170 厘米）（王大军　摄）

在青海湖东部地区，我们观察到湖东种群早晨在羊群进入草场时退入附近沙地，白天在沙地里活动，晚上羊群回圈后再次进入草场取食（图 2-9）。我们在湖东和克图之间的沙地里找到一些普氏原羚的粪便，因而认为生活在这两个区域的普氏原羚属于同一种群（图 2-6）。沙岛因环湖东路与湖东-克图相隔。Li 等（2009a）认为环湖东路的修建和随之而来的大量车流，改变了湖东种群普氏原羚的日活动节律，并使它们倾向于远离公路。我们没有观察到普氏原羚在这两个区域之间的移动，也没有在中间地带发现普氏原羚的活动痕迹，因而认为沙岛种群是独立于湖东-克图的种群。湖东和元者之间相隔着湖东种羊场和许多牧民房屋。我们在湖东种羊场附近没有发现任何普氏原羚或普氏原羚的粪便，因而推论湖东和元者的种群是相对独立的。

天峻种群在布哈河两岸都有分布，我们的调查对该分布区南部边界的确认可能不够充分（图 2-5）。但因普氏原羚通常在相对较低和较平坦的区域活动（Leslie，et al，2010），我们认为该种群的分布不会超出我们的调查结果太多，当然这也需要更多的调查来验证。

哇玉种群由章克家等在 2005 年首次报道。我们的调查覆盖了该种群在村

图 2-9　当牛羊出栏进入草场以后，普氏原羚群就退入沙漠中（王大军　摄）

庄附近的活动区，但在这样没有明确地理边界（如河流，山脉等）的广阔平坦的草原上，确定分布区的边界十分困难。从共和县城经哇玉到大水桥的公路在 2009 年底已基本建成，这条公路将取代原 109 国道成为新的青藏公路，这必将带来大量车流和人类活动。该公路将哇玉分布区分隔成 3 个小区（图 2-4），需要密切关注其对普氏原羚种群造成的影响。

目前已知的普氏原羚种群中有 4 个是在 2003 年之后被发现的，我们认为可能仍有未被发现的普氏原羚小种群存在，尤其是在缺乏调查的共和盆地，需要更多的调查加以确认。

### 2.4.2　种群数量

虽然 2008 年 12 月调查得到的普氏原羚总数远大于 1 月调查记录，但我们并不认为是种群的增长造成了这样的变化。事实上，2008 年 1 月和 7 月的调查记录都低估了普氏原羚的实际种群数量：① 1 月调查的路线比另外两次都短。② 普氏原羚在冬季会聚集成较大的群体（李迪强，等，1999b；Lei，et al，2001），比在夏季时更容易被观察到。因此一旦遇到一个较大的群体，我们就更有可能计数到这个区域的绝大多数个体。另外，7 月对于计数普氏原羚新生幼仔来说还早了一些：一般认为普氏原羚的产仔期从 5 月（Wallace，

1913）至 6 月中（Jiang，et al，1996），然而青海湖保护区的工作人员和附近的牧民告诉我们，普氏原羚的产仔期是从 6 月底开始的，不过大家对于产仔期的结束时间意见不一。蒙古原羚的幼仔出生后 2～3 个星期内有独自躲藏的行为（Odonkhuu，et al，2009），藏原羚的幼仔也有类似的躲藏行为（Schaller，1998）。同样的，我们在 2008 年 7 月也几次发现躲藏的普氏原羚新生幼仔（图 2-10），但到 8 月之后就没有发现任何躲藏的幼仔。因此，在冬天普氏原羚集大群的时候进行种群调查比较合适。

图 2-10　与同属蒙古原羚、藏原羚一样，普氏原羚幼仔出生后约 10 天以内不跟随母亲活动，而是独自卧伏在隐蔽处。当产仔季结束，新生幼仔开始跟随母亲所在群体活动时，适宜进行生育率调查（刘佳子　摄）

在哈尔盖-甘子河 _ 南和哇玉地区，2008 年 1 月和 12 月的调查结果存在显著差异。这两个区域相对较大（图 2-3 和 2-4），并且 2008 年 1 月的调查只覆盖了大约 2/3 的哈尔盖-甘子河 _ 南地区，和大约一半的哇玉地区，而 12 月时则覆盖了整个地区。这可能导致了 1 月调查数量偏低。本研究提供了详细的普氏原羚分布现状，今后的种群调查和监测将有更好的基础，可以得到更加准确的对于普氏原羚种群变化趋势的评估。而准确的种群变化趋势对于制订合适的保护措施来说是至关重要的。

### 2.4.3　直接计数法与截线法的比较

在青海湖北部地区，平行样线上记录到 1072 只个体，高于 2008 年 12 月直接计数得到的 567 只。对此有两种可能的解释：① 2008 年 12 月的调查结果偏低。虽然我们在调查中尽可能地记录更多的个体，但不可避免地会漏掉一部分个体。排除重复计数的影响，这个结果只能被视为种群的最小存活个体数。② 平行样线调查所得数量偏高。这些样线基本是由 3 个野外调查队伍在 12 天的时间内完成的，考虑到普氏原羚的移动能力，某些普氏原羚群体在调查期间不可避免地会被重复计数。两个调查对普氏原羚的探测概率都不可计算，但至少 2008 年 12 月的调查结果可视为种群最小存活个体数，而平行样线上的记录数量则不能得此结论。

DISTANCE 计算结果显示青海湖北部地区有 1653 只普氏原羚（95%置信区间：712～2810），高于 2008 年 12 月的直接计数（567 只）。这个结果再次证明直接计数的结果偏低，需要谨慎使用直接计数结果作为种群数量的估计。另一方面，截线法给出了一个比较宽的置信区间，这使它在普氏原羚保护中的实际应用受到限制。增加样本量（群数量）能够缩小置信区间，提高预测结果的精确性，但需要更多的时间和人力的投入。实践证明，样本量增加 4 倍，置信区间能缩小一半；另外，减少群大小的差异有助于增加截线法结果的精确性（Buckland, et al, 1993）。普氏原羚集群大小的季节差异明显，雌性群在 11 月至 12 月间有更小的平均群大小，3 月至 6 月间雌雄混合群和雄性群的平均群大小最小（Lei, et al, 2001）。平行样线是在 2009 年的 4 月到 5 月间进行的，这时候普氏原羚的集群规模比较小，但调查结果显示普氏原羚集群规模从 1 只到 99 只不等（$n=60$, Mean ± SD = 16.4 ± 24.1）。普氏原羚的集群比较类似于松散的、暂时的集合（aggregation），而非组织严密的群体(group)。在野外调查中，调查人员将一起行动的普氏原羚个体作为一个集群进行记录，但它们能够被拆分成更小的相对独立的集合。只要在调查前很好地定义“集合”，那么普氏原羚集群大小的差异就能够减小，使用截线法计算得到的种群估计就能更加精确。

截线法要求样本量不小于 40（Burnham，et al，1980），但所有普氏原羚分布小区内的群体数量都不能满足这一要求，尤其是在冬季集群规模大的时候。要解决这一问题，一是要选择普氏原羚集群规模较小的时候进行调查（例如，在春季进行调查）；二是可以如本研究中所采用的，将相邻的几个分布小区视为一个整体进行分析，而对于天峻和哇玉这样没有相邻分布小区的种群，则可以尝试在其分布范围内重复调查以获取足够的样本量。

### 2.4.4 种群变化趋势和保护启示

1988—2008 年间的数次调查对普氏原羚种群数量都有不同的估计（表 2-5），究其原因，我们认为最大可能是各次调查所覆盖的调查区域不同和调查努力的不同造成的。叶润蓉等（2006）的调查增加了天峻、塔勒宣果和切吉分布区，本研究中则增加了哇玉分布区，而这些区域在之前都被认为是

**表 2-5 1988—2008 年间普氏原羚种群数量的变化**

| 区域名 | 最大计数 | | | | | | | |
|---|---|---|---|---|---|---|---|---|
| | 1988[a] | 1991[a] | 1994[a] | 1996 年 11 月[a] | 1999[b] | 2003 年 8—9 月[c] | 2007 年 5 月[d] | 2008 年 12 月[e] |
| 天峻 | | | | | | 76 | 127 | 282 |
| 鸟岛 | 42 | 37 | 19 | 11 | | 19 | 12 | 29 |
| 哈尔盖-甘子河 _ 北 | | | | | | 190 | 35 | 182 |
| 哈尔盖-甘子河 _ 南 | | | | | | 100 | 340 | |
| 沙岛 | | | | | | 28 | 113 | |
| 塔勒宣果 | | | | | | 62 | 11 | 45 |
| 湖东 | | | | 108 | 112 | 134 | 82 | 97 |
| 元者 | | | 80 | 71 | | 46 | 10 | 53 |
| 切吉 | | | | | | 75 | 0 | 0 |
| 哇玉 | | | | | | | 85 | 179 |
| 总计 | | | | | | 602 | 490 | 1320 |

注：包括历史数据同我们 2008 年 12 月调查结果的比较。

a. 数据来源：蒋志刚等，2001；

b. George B. Schaller 和吕植等在 1 次不完全的调查中在湖东计数到 112 只普氏原羚个体，他们认为这个种群的数量应该大于 112 只（个人交流）；

c. 数据来源：叶润蓉等，2006；

d. 数据来源：章克家等，2007，WCS 报告，未发表数据；

e. 数据来源：本研究的调查。

没有普氏原羚分布的地区。与之前的调查相比，叶润蓉等（2006）的调查比较全面，他们的结果也被 IUCN 用于评价普氏原羚这个物种生存状态，但他们并没有给出详细的调查方法（例如，调查样线长度，调查覆盖区域的面积等），我们认为这样的结果属于没有校正过的对种群大小的最低估计。因此，除了切吉，其他种群的数量不能和本研究的调查结果直接进行比较。切吉种群的数量从 2003 年的 75 只到 2008 年的几乎为零（本研究调查中未发现普氏原羚实体或痕迹），说明这个种群发生了严重的下降。当地牧民反映，过去几年偷猎在这一地区仍十分严重，这可能直接导致了普氏原羚种群的减少。

除了偷猎，普氏原羚还面临着其他威胁。自 2003 年起中国政府在西部的 11 个省区内开展“退牧还草”工程，同时也加强了对野生动物的保护。但是，青海湖附近地区的经济发展更加明显。普氏原羚的栖息地被压缩在沙地和人类定居点之间，而这些草地同时还被大量的家畜取食。青海湖周边四县的家畜总数约 2900 万头（Qi，2009），而普氏原羚的数量不过 1300 只。普氏原羚和家畜的食性有很高的重叠（Liu，Jiang，2004），显示两者之间可能存在竞争，尤其是在食物资源缺乏的冬春季节。另外，草地围栏建设加剧了普氏原羚栖息地的破碎化（刘丙万，蒋志刚，2002b；于长青，2008）。生活在破碎化的栖息地中的小种群非常脆弱，而针对物种整体状况做出的评估很可能掩盖了这些小种群的濒危程度，从而增加它们的灭绝风险。青海湖周边地区有 63% 的当地人对普氏原羚抱有友好的态度，但一半以上的人并不知道草地围栏、家畜、公路以及狼可能会对普氏原羚产生负面的影响（Hu，et al，2010）。所以尽管目前调查得到普氏原羚种群数量要远高于之前的估计，现有小种群的继续生存仍然需要更多的关注和更加有效的保护行动，如阻止偷猎、恢复草地以及减少妨碍普氏原羚移动的障碍物（如围栏）等。

奚志农／野性中国

第三章

# 种群数量的变化

## ——对哈尔盖-甘子河地区种群参数的研究

对于野生动物的保护，种群数量的变化往往比一个静态时间截面上的种群数量更加具有评估和指导价值。普氏原羚数量的变化趋势和幅度是我们希望获得的信息。在上一章讨论种群数量的最后，已经开始涉及数量的变化。但是针对整个分布区的数量变化，却显得模糊不清。于是我们选择了青海湖北侧种群数量最多的分布区，对种群参数进行细化的收集，试图了解种群的变化，进而可以探究造成变化的因素和机制。

刘佳子　摄

## 3.1 种群和种群变化

种群指在一定空间中同种个体的集合，种群数量和种群密度是种群的基本数量特征，也是生态学研究的基本问题之一（尚玉昌，蔡晓明，2002）。除了存在于孤岛、山顶、隔离洞穴中的种群，现实中种群间无法避免迁入和迁出（Rockwood，2006）。Turchin（2003）结合实际情况定义种群为“生活在同一区域内的同种个体，规模足以允许出现常规的扩散和迁移，但是出生和死亡对种群变化起决定性作用。”

曾经广泛分布于内蒙古、甘肃和青海等地（张荣祖，王宗祎，1964；Corbet 1978；蒋志刚，等，1995）的普氏原羚，经历了毁灭性的滥捕滥猎后（郑杰，2005），栖息地退缩到了青海湖东北部及西部的鸟岛、察拉滩和小北湖一带，同时数量也急剧下降。1994 年，蒋志刚等的调查结果显示，普氏原羚数量不足 300 只（蒋志刚，等，1995），世界自然保护联盟据此于 1996 年将这一物种列入极危等级（IUCN，1996）。随着调查的深入，不断有新的分布区被发现，2003 年叶润蓉等人计数到 602 只（叶润蓉，等，2006），这一报道也成为普氏原羚降级为濒危物种的依据（IUCN，2008）。2008—2009 年对其种群规模的估计达到 1500 只左右（Li，et al，2012，Zhang，et al，2013）。然而，研究者多认为降级并不意味着种群状况的改善，数量的增加也不代表普氏原羚的实际增长，也可能是调查区域与调查努力增加的结果（Li，et al，2012；Zhang，et al，2013）。

普氏原羚各个种群的动态目前并不明了，有些地区种群数量甚至出现了下降（Li，et al，2012；Zhang，et al，2013）。

采用多种调查方法对已知普氏原羚种群进行持续观察，不仅对进一步掌握和了解这一物种种群动态信息十分重要，也是针对这一濒危物种制定保护措施以及检验保护措施成效的基础。

## 3.2　研究方法

### 3.2.1　种群规模与个体密度调查

依然使用第二章所描述的直接计数法和截线法进行种群数量的调查，同时尝试构建特定时间生命表和矩阵模型，估算种群增长率。

在使用直接计数法时，我们总结经验，尽量保证与前期调查在人员、路线、方法、强度上的统一（图 3-1）。

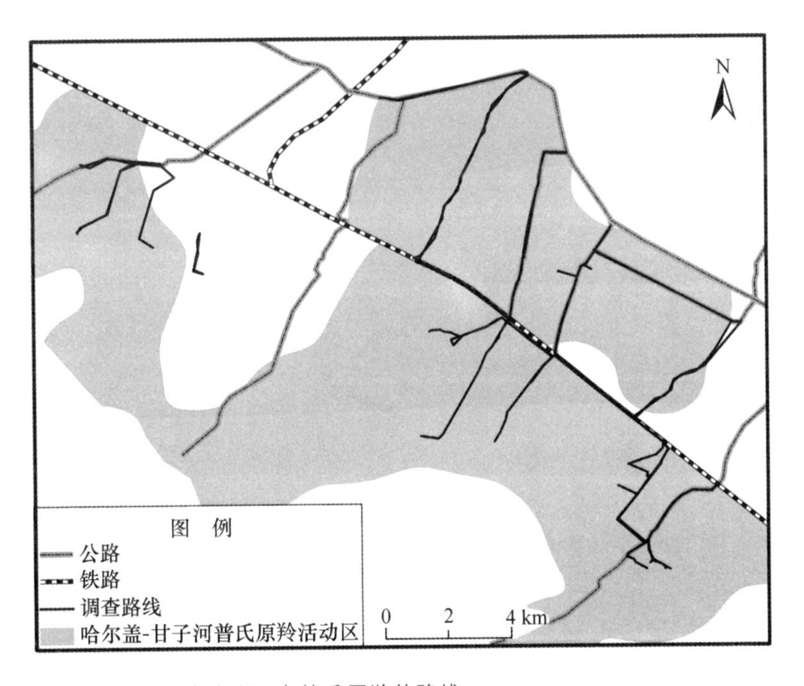


图 3-1　直接计数法调查普氏原羚的路线

使用截线法时，我们重复 2009 年样线（图 3-2），以求结果间更高的可比性。通过修改群定义（只有距离间隔小于 50 米，具有相同移动方向的个体划为小群，不再将单独活动的个体归并入某群），增大样本量，保证样本量不小于 40，希望得到更加精确的模拟结果。

同时，我们开展生育率调查和死伤事件调查；通过性别特征和遗传方法

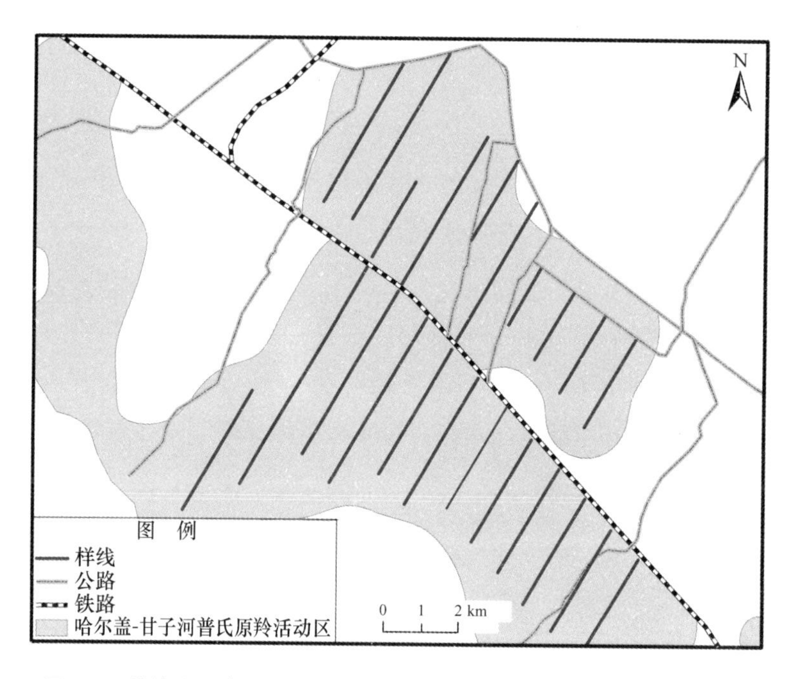


图 3-2 截线法调查样线

判定死伤个体性别；依据牙齿生长、替换和磨损情况以及肱骨、股骨骨骺愈合情况判定年龄，将同期铁路两侧种群生育率数据进行综合，建立该地区普氏原羚特定时间生命表。我们使用 Lefkovitch（1965）改进的方法，以年龄段为基础构建矩阵并估算了种群增长率。

### 3.2.2 普氏原羚性别比例调查

作为对普氏原羚种群参数已有研究的补充，我们在各次直接计数法调查记录中均区分了 1 龄及以上个体性别，计算得出哈尔盖-甘子河地区普氏原羚性别比例。

由于冬季未满 1 龄的雄性幼仔体型与成年个体无差别，只是角非常短小，很难与雌性个体区分开，因此，选择夏季各次调查的记录用于计算性别比例。我们于 2010 年 7 月 5 日—9 月 7 日在铁路南北两侧各进行 12 次调查；2011 年 8 月 3 日—9 月 10 日在铁路两侧各进行 5 次调查。

每次调查性别比例数值是计数得到除新生幼仔外的雄性总数与雌性总数的比值，即总雄：总雌。

使用 SPSS 15.0 软件进行统计分析。由于调查集中在两个月的时间内完成，且调查区域较为固定，出现偏离平均水平较大的数值很可能是受到了偶然因素影响（如天气、偶然性的人为干扰等），因此通过 *t* 检验剔除异常值，之后做单样本 *K-S* 检验，检验四组数据正态性，再比较同年区域间以及年际间是否存在显著差异，如果数据无显著差异且呈正态分布，求取平均值。

### 3.2.3　特定时间生命表和矩阵模型的构建

生命表是最清楚、最直接地展示种群死亡和存活过程的一览表，是生态学家研究种群动态的有力工具（尚玉昌，蔡晓明，2002）。生命表包括固定同生群生命表（通过跟踪收集一个同生群所有个体从出生到死亡的信息建立，又称为动态生命表或水平生命表）和特定时间生命表（通过收集一个种群特定时间内所有死亡个体年龄信息建立，又称为静态生命表或垂直生命表）。Leslie 于 1945 年提出种群动态的模拟过程可以通过矩阵来实现。矩阵模型很快成为应用广泛的种群动态研究方法（Vangroenendael，et al，1988）。通过生命表和矩阵模型可以得到种群增长率，而种群增长率量化了种群在时间轴上个体数量的变化（Hans de Kroon，et al，2000）。

但是迄今为止尚无通过生命表方法对普氏原羚种群动态进行的研究。大型食草动物具有易辨识的年龄段特征，非常适于用种群统计学（Demographic）研究（Gaillard，et al，1998）。在我国，已有学者使用生命表及矩阵模型对岩羊（*Pseudois nayaur*）（任军让，余玉群，1990；梁云媚，王小明，2000；王小明，等，2005）、驯鹿（*Rangife tarandus*）（杜彬，等，2007）和海南坡鹿（*Cervus eldi hainanus*）（聂海燕，等，2009）等有蹄类动物的种群动态进行研究。

这个研究中，我们通过收集普氏原羚生育率与不同年龄段的存活率建立生命表（Rockwood，2006），结合物种的生活周期，构建矩阵模型（Vangroenendael，et al，1988）。

（1）生育率调查

据报道，普氏原羚产仔季为 6 月底到 8 月初（魏万红，等，1998；张璐，2011）。与同属蒙古原羚、藏原羚一样，幼仔出生后约 10 天以内不跟随母亲活动，而是独自卧伏在隐蔽处（Schaller，1998；Odonkhuu，et al，2009）。为了确定最佳调查时间，2010 年 6 月 15 日—9 月 12 日，本研究组对哈尔盖-甘子河地区普氏原羚生育率进行了为期近 3 个月的持续观察。使用直接计数法，自 6 月 15 日起，于相邻的两日内分别调查铁路两侧种群生育率，路线和方法与直接计数法种群数量调查相同，遇到母幼群时，徒步接近该群体并寻找最佳观测点，以便更加精确地区分成幼和性别。间隔 5 日重复调查 1 次，遇到恶劣天气则调查顺延。以每一次调查的幼仔总数与成年雌性（包括 1 龄雌性）总数的比值作为生育率值。铁路南北两侧各进行了 11 次调查。

在此基础上，我们大致得到了适宜生育率调查的时间段，2011 年、2012 年分别于此时间段进行调查，不再设置 5 日的间隔。2011 年 8 月 3 日—9 月 10 日于铁路两侧各进行了 6 次调查；2012 年 8 月 21 日—9 月 2 日于铁路两侧各进行了 4 次调查。

综合死伤事件调查同时段的生育率，用于构建生命表。

（2）普氏原羚死亡个体信息收集

死亡和受伤普氏原羚数据来源主要有以下三种：① 牧户协管员的报告和记录；② 样线法徒步调查所见；③ 各次种群数量调查期间观察到的死伤事件。

对于每一起死伤事件，记录所发现普氏原羚个体的性别、年龄段，推测致死（伤）因素。应用手持 GPS 记录现场经纬度信息，观察、描述现场环境，包括生境类型、围栏分布、围栏类型（顶部是否带刺丝），步测最近围栏距离，使用卷尺测量围栏高度。针对直接被围栏绞缠致死（伤）的个体，记录围栏致死方式（绞缠前肢、绞缠后肢、勒住腹部等），使用卷尺测量绞缠高度。针对每一个死亡个体，尽可能取皮毛、头骨、股骨、肱骨等样品，用以室内分析鉴定其性别和年龄段。

我们从 2009 年春季开始培训当地的四名牧户协管员，请他们针对普氏原羚死伤事件做记录。2009 年 10 月至 2012 年 4 月，间隔 1～2 个月，收集整理牧户记录，尽可能由牧户带领我们到每一个伤亡事件现场，以上述方法做记录，取样。

从 2010 年到 2011 年 7—9 月普氏原羚的产仔季，和 2012 年1—4 月草枯期后期普氏原羚生存压力最大的时期，我们使用样线法徒步调查普氏原羚死伤事件。

2010 年 7—8 月，选取铁路北侧母幼集中的区域，在其内生成随机点，通过该点做与铁路相平行的样线一条，进一步布设间隔 50 米的平行样线 64 条，覆盖该地块普氏原羚主要活动区域（图 3-3）。由 2～3 名调查人员分别沿平行样线以约 2000 米 / 时的速度行进，同时观察两侧是否有普氏原羚死伤个体，每行进约 100 米，用双筒望远镜扫视四周，遇到可疑物体则走近观察，确定情况后返回样线再继续前行。遇到死伤事件则以上述方法做记录，取样。间隔 10 天重复调查 1 次，共调查 3 次。

2011 年 8 月，增加铁路南侧一处母幼集中的区域（图 3-3），同上方法布设平行样线，由于人力所限，将铁路南北两侧调查样线间距放大为 100 米，铁路北侧样线 32 条，南侧样线 38 条。调查方法同上，间隔 10 天重复调查 1 次，两侧各重复调查 3 次。

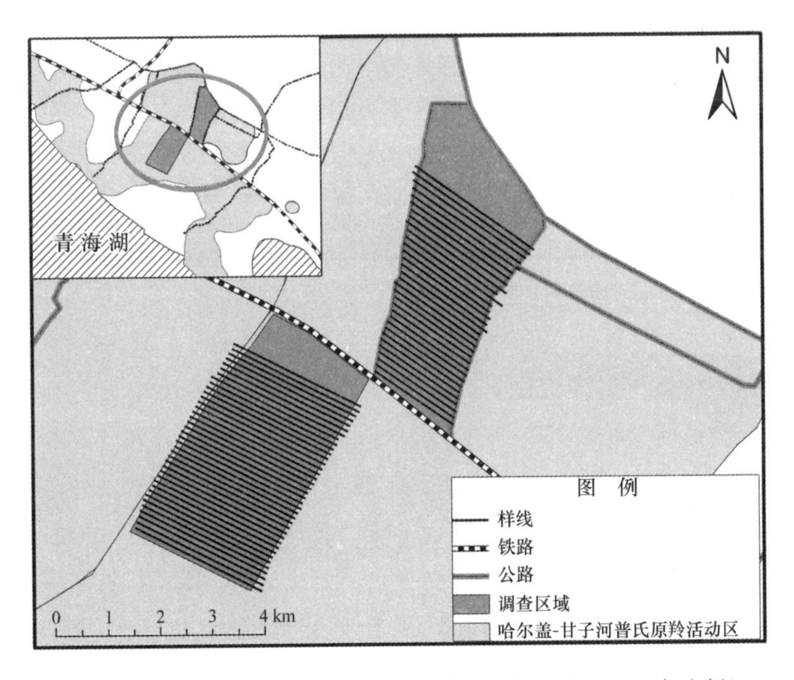


图 3-3　夏季普氏原羚死伤调查区域及样线示意图（以 2011 年为例）

2012 年 1 月在研究区域沿用间距 1000 米的平行样线（与截线法相同）。1 月 5 日—1 月 7 日由两名有经验的调查者分别以平均 2000 米 /时的速度沿样线行进，记录普氏原羚粪便痕迹。普氏原羚粪便较藏系绵羊和山羊的粪便颗粒小，形状不规则，较干瘪，往往带有尖头，而且普氏原羚有固定的排便姿势，粪便集中成堆分布；藏系绵羊和山羊的粪便颗粒大，椭圆形，饱满，无尖头，且家畜常在行进中排便，粪便常常沿足迹链分散分布。遇到普氏原羚粪便痕迹，使用手持 GPS 确定痕迹位置信息（图 3-4）。

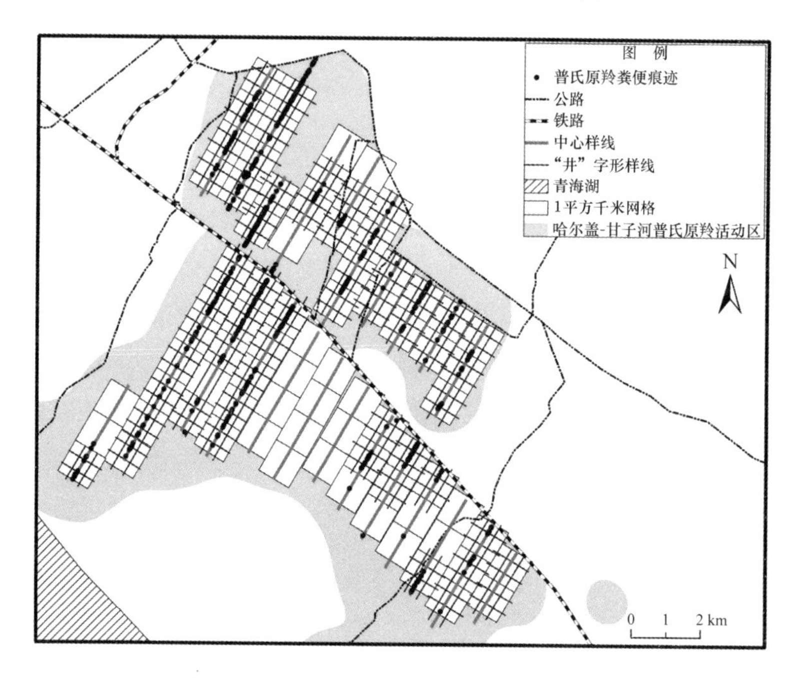


图 3-4 2012 年 1—4 月普氏原羚死伤调查区域及样线布设

为了得到能够覆盖调查区域，且相互间没有重叠的单位面积栅格，我们以上述每条样线为中心做 500 米的缓冲带，衍生出 1000 米宽的样带，将样带分割成 1 平方千米的栅格。选取中心样线上出现普氏原羚粪便痕迹的栅格，横向、纵向各做两条间距 400 米的平行样线，形成“井”字形样线（据经验，徒步调查时能够检查的范围约为 100 米，因此，间隔 400 米的样线所形成的约 200 米宽的调查样带能够较均匀地覆盖调查栅格）（图 3-4，图 3-5）。1 月 12 日—1 月 16 日，由 6 名调查者分别沿各个“井”字形样线以约 2000 米/时的速度行进，同时观察两侧是否有普氏原羚死伤个体，每行进约 100 米，用双筒望远镜扫视四周，遇到可疑物体时走到近处观察，确定情况后返回样线再继续前行。遇到死伤事件则以前述方法做记录，取样。2012 年 2 月 21 日—27日由 5 名调查者重复调查 1 次。

2012 年 4 月 15 日—21 日，重复中心样线上调查，重新选取有普氏原羚

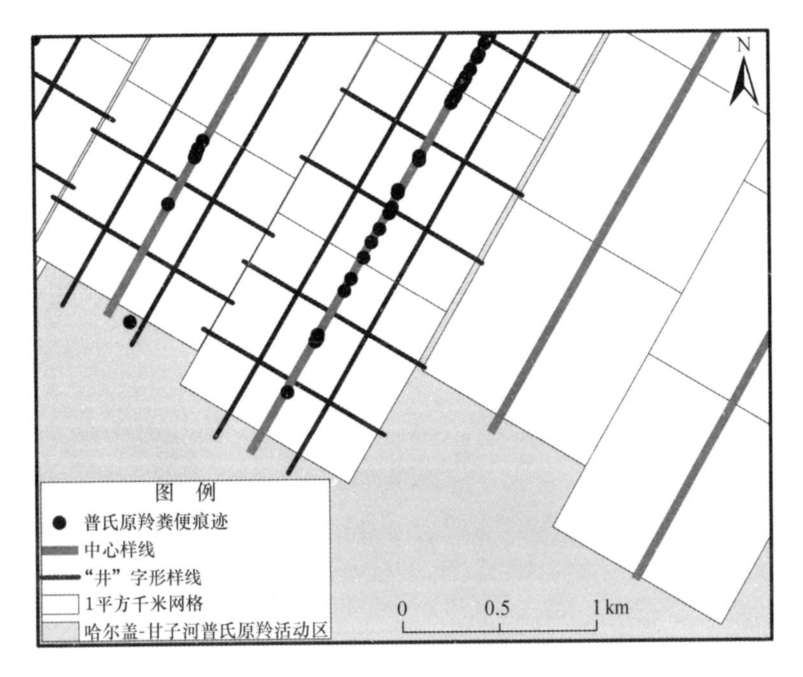


图 3-5　"井"字形样线放大图

粪便痕迹的栅格布设"井"字形样线。2012 年 4 月 26 日—28 日，由 5 名调查者以上述方法沿"井"字形样线调查普氏原羚伤亡情况。

此外，在 2010 年 7—8 月、2011 年 6—9 月、2012 年 8—9 月 3 次生育率调查（几乎同步进行性别比例调查）和 2010 年 11 月—2011 年 1 月、2011 年 11 月两次种群规模调查中，如果遇到受伤及死亡的个体，均以上述方法做记录、取样。

(3) 标本处理

野外收集死亡个体的头骨、肱骨、股骨与骨盆等，先采用土埋法处理 6～12个月，出土后经清水冲洗，10%双氧水浸泡 24 小时，5%～10%双氧水煮沸10～30 分钟，清除残余肌肉组织与结缔组织等，清水洗净，自然晾晒至干燥。

(4) 普氏原羚死亡个体性别鉴定

野外遇到伤亡普氏原羚个体，可以根据外生殖器判定性别；如果遇到 6 月龄以上有头颅的个体，则有角者为雄性，无角者为雌性。无法判断者取皮毛或组织样品，干燥处理，带回实验室使用遗传学方法鉴定性别。

(5) 普氏原羚死亡个体年龄鉴定

普氏原羚雄性个体具角，且有环状角纹。据观察经验，雄性角的生长约在两年左右完成，因此，0—2 龄的雄性个体可以根据角的形状和角纹数量结合死亡时间判定大致年龄（图 3-6）。

图 3-6 雄性普氏原羚角生长变化过程：A 为约 6 月龄个体（圈养），B 为 1 龄个体（围栏致伤救护），C 为约 1.5 龄个体（圈养），D 为成年雄性（死亡）。A，C，D，吴永林摄；B，刘佳子摄

参考羊（*Ovis aries*）牙齿生长替换的时间表（谢逊，1962）（表 3-1），可以判断 4 龄以内个体的大致年龄（图 3-7，图 3-8），同时根据角形和角纹数量明确判定年龄的雄性个体标本，可以作为雌性个体年龄判定的参照。4 龄以上个体根据牙齿磨损情况划分年龄段。根据牛（*Bos taurus*）肱骨、股骨骨骺愈合时间（谢逊，1962），可以将个体划归 0—1.5 龄，1.5—4 龄及 4 龄以上三个年龄段（表3-2）。

**表 3-1　羊牙齿生长替换时间**

| 齿 | 乳　齿 | 恒　齿 |
|---|---|---|
| 第一切齿 | 出生或出生后 1 周 | 1—1.5 年 |
| 第二切齿 | 出生后 1—2 周 | 1.5—2 年 |
| 第三切齿 | 出生后 2—3 周 | 2.5—3 年 |
| 第四切齿 | 出生后 3—4 周 | 3.5—4 年 |
| 第一前臼齿 | 出生后 2—6 周 | 1.5—2 年 |
| 第二前臼齿 | 出生后 2—6 周 | 1.5—2 年 |
| 第三前臼齿 | 出生后 2—6 周 | 1.5—2 年 |
| 第一臼齿 | | 下齿 3 个月，上齿 5 个月 |
| 第二臼齿 | | 9—12 个月 |
| 第三臼齿 | | 1.5—2 年 |

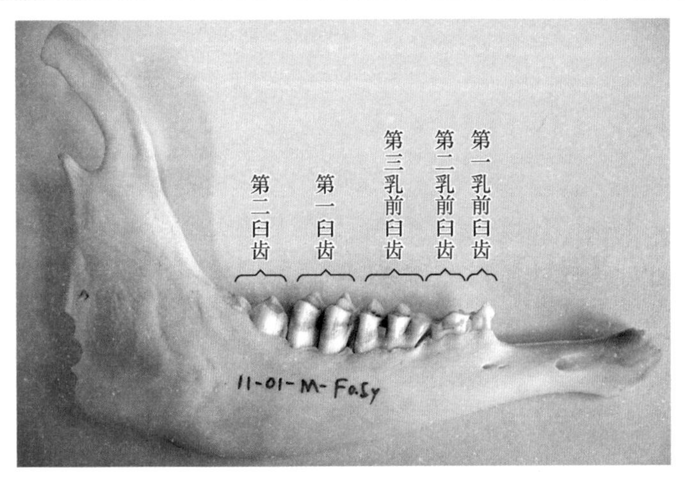


图 3-7　普氏原羚幼年个体右下颌牙齿图示（约 6 月龄）

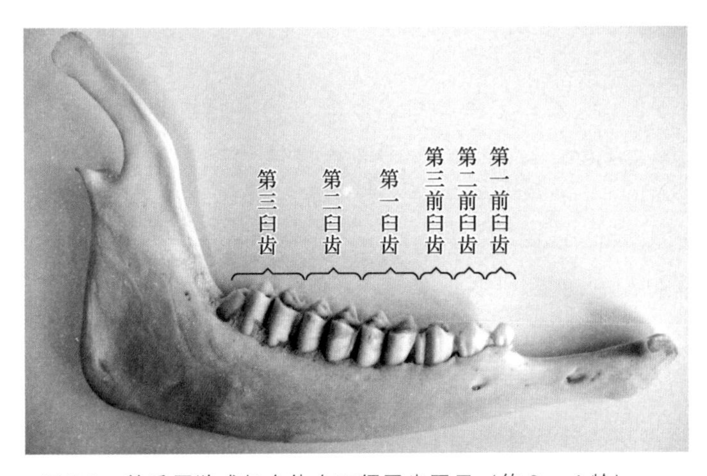


图 3-8　普氏原羚成年个体右下颌牙齿图示（约 3—4 龄）

表 3-2 牛肱骨、股骨两端骨骺愈合时间

| 肱骨 | | 股骨 | |
|---|---|---|---|
| 近端 | 远端 | 近端 | 远端 |
| 3.5—4 龄 | 1—1.5 龄 | 3.5 龄 | 3.5—4 龄 |

## 3.3 结果

### 3.3.1 直接计数法

2010 年与 2011 年 11 月各有 6 个调查日，调查路线总长约 408 千米，其中 336 千米驱车，72 千米步行。根据直接计数法得到哈尔盖-甘子河地区普氏原羚种群规模（表 3-3）。

表 3-3 2010 年、2011 年哈尔盖-甘子河地区直接计数普氏原羚种群规模结果

| 时间 | 计数总数量 / 只 | | | |
|---|---|---|---|---|
| | 第一次调查 | 第二次调查 | 第三次调查 | 平均值 ± 标准差 |
| 2010 年 11 月 | 586 | 576 | 574 | 578 ± 6 |
| 2011 年 11 月 | 721 | 702 | 684 | 702 ± 19 |

### 3.3.2 截线法

2012 年 1 月截取 21 条样线，共计 75 千米，记录到普氏原羚 84 群，672 只次。截断处理去除一条距离大于 500 米的记录。在0.15水平上，群大小的自然对数与垂直距离的回归显著（$P = 0.096$），故使用距离校正的群大小计算个体密度。AICc 值越小，模型拟合优度越好，但通常认为 $\Delta AIC < 2$ 的模型等效（Burnham，Anderson，2002），Chi-$p$ 值越大的模型具有越好的拟合优度（Buckland，et al，2001）。此处关键函数 Uniform + 校正项 Cosine 具有最小的 AICc 值和最大的 Chi-$p$ 值，是最佳模型（表 3-4）。

截取 2009 年 4 月 19 条样线共 75 千米，记录到普氏原羚 41 群，941 只次。截断处理去除了 4 条垂直距离大于 500 米的记录。在0.15水平上，群大小的自然对数与垂直距离的回归不显著（$P = 0.350$），因此使用平均群大小来计算个体密度。关键函数 Halfnormal 无校正项，为最佳模型（表 3-5）。

模型运算结果得到，2009 年该区域普氏原羚群密度 0.62 群 / 平方千米

(95%置信区间：0.39～1.00)，个体密度 14.43 只/平方千米 (95%置信区间：7.88～26.41)，个体数 1082 只 (95%置信区间：591～1981) (表 3-4)；2012 年该区域普氏原羚群密度 1.82 群/平方千米 (95%置信区间：1.31～2.54)，个体密度 11.86 只/平方千米 (95%置信区间：7.61～18.47)，个体数 889 只 (95%置信区间：571～1385) (表 3-5)。

**表 3-4　2009 年 4 月截线法各个模型对哈尔盖-甘子河地区普氏原羚种群规模与个体密度的模拟结果**

| 关键方程 | UNIFORM | HALF-NORMAL | HAZARD RATE |
| --- | --- | --- | --- |
| 校正项 | — | — | — |
| AICc | 87.95 | 88.43 | 90.63 |
| Chi-*p* | 0.445 | 0.743 | 0.763 |
| *f*(0) | 0.0020 | 0.0025 | 0.0026 |
| *P* | 1.000 | 0.790 | 0.764 |
| *DS*(SE) | 0.492(0.08) | 0.623(0.15) | 0.644(0.27) |
| *D*(SE) | 11.398(2.96) | 14.427(4.49) | 14.923(7.03) |
| *N*(SE) | 855(222.33) | 1082(336.86) | 1119(527.41) |

注：AICc，Akaike's 信息标准；Chi-*p*，卡方拟合优度检验概率；*f*(0)，样线上概率密度函数值；*P*，在观测范围内发现普氏原羚群的概率；*DS*(SE)，群密度 (标准误)；*D*(SE)，个体密度 (标准误)；*N*(SE)，个体数 (标准误)。蓝色列显示了最优模型。

**表 3-5　2012 年 1 月截线法各个模型对哈尔盖-甘子河地区普氏原羚种群规模与个体密度的模拟结果**

| 关键方程 | UNIFORM | UNIFORM | HALF-NORMAL | HAZARD RATE |
| --- | --- | --- | --- | --- |
| 校正项 | Cosine | Simple polynomial | — | — |
| AICc | 210.48 | 211.71 | 210.63 | 212.30 |
| Chi-*p* | 0.764 | 0.404 | 0.710 | 0.616 |
| *f*(0) | 0.0032 | 0.0029 | 0.0032 | 0.0036 |
| *P* | 0.619 | 0.694 | 0.628 | 0.551 |
| *DS*(SE) | 1.821(0.29) | 1.625(0.25) | 1.794(0.31) | 2.047(0.54) |
| *D*(SE) | 11.857(2.66) | 10.891(2.38) | 11.704(2.71) | 13.057(4.03) |
| *N*(SE) | 889(199.62) | 817(178.45) | 878(203.20) | 979(302.19) |

注：AICc，Akaike's 信息标准；Chi-*p*，卡方拟合优度检验概率；*f*(0)，样线上概率密度函数值；*P*，在观测范围内发现普氏原羚群的概率；*DS*(SE)，群密度 (标准误)；*D*(SE)，个体密度 (标准误)；*N*(SE)，个体数 (标准误)。蓝色列显示了最佳模型。

### 3.3.3　普氏原羚性别比例

2010 年 7—9 月我们在铁路南北两侧各进行 12 次调查，2011 年 8—9 月在铁路南北两侧各进行5次调查，共计34次调查，收集到的数据如表3-6所示。

**表3-6　2010年7—9月，2011年8—9月哈尔盖-甘子河地区普氏原羚性别比例（雄：雌）调查数据**

| 年份 | 区域 | 序号 | 调查日期 | 雄/雌(只) | 比值 |
|---|---|---|---|---|---|
| 2010 | 铁路南 | 1 | 0705 | 39/96 | 0.406 |
| | | 2 | 0710 | 64/76 | 0.842* |
| | | 3 | 0715 | 49/107 | 0.458 |
| | | 4 | 0720 | 36/79 | 0.456 |
| | | 5 | 0725 | 33/93 | 0.355 |
| | | 6 | 0730 | 76/115 | 0.661 |
| | | 7 | 0805 | 54/126 | 0.429 |
| | | 8 | 0814 | 35/51 | 0.686 |
| | | 9 | 0822 | 44/156 | 0.282 |
| | | 10 | 0825 | 48/143 | 0.336 |
| | | 11 | 0902 | 50/94 | 0.532 |
| | | 12 | 0907 | 53/162 | 0.327 |
| | 铁路北 | 1 | 0706 | 93/78 | 1.192* |
| | | 2 | 0712 | 65/140 | 0.464 |
| | | 3 | 0717 | 75/97 | 0.773 |
| | | 4 | 0722 | 45/77 | 0.584 |
| | | 5 | 0727 | 41/102 | 0.402 |
| | | 6 | 0731 | 23/54 | 0.426 |
| | | 7 | 0806 | 21/87 | 0.241 |
| | | 8 | 0815 | 41/143 | 0.287 |
| | | 9 | 0821 | 56/73 | 0.767 |
| | | 10 | 0824 | 99/190 | 0.521 |
| | | 11 | 0901 | 74/163 | 0.454 |
| | | | 0905 | 73/148 | 0.493 |
| 2011 | 铁路南 | 1 | 0805 | 89/176 | 0.506 |
| | | 2 | 0809 | 53/165 | 0.321 |
| | | 3 | 0823 | 79/114 | 0.693 |
| | | 4 | 0908 | 61/150 | 0.407 |
| | | 5 | 0910 | 72/104 | 0.692 |
| | 铁路北 | 1 | 0801 | 88/153 | 0.575 |
| | | 2 | 0807 | 92/154 | 0.597 |
| | | 3 | 0816 | 89/223 | 0.399 |
| | | 4 | 0907 | 106/199 | 0.533 |
| | | 5 | 0909 | 123/176 | 0.699 |

注：* 表示异常值。经过 $t$ 检验，剔除 0.842（$K_s=2.98>K_{0.05[12]}=2.33$）和 1.19（$K_s=4.155>K_{0.05[5]}=3.56$）两个异常值。通过单样本 $K$-$S$ 检验判定四组数据均呈正态分布（表3-7），选择独立样本 $t$ 检验比较发现同年两区域间无显著差异（表3-8）。

**表 3-7　2010 年、2011 年哈尔盖-甘子河铁路南北两侧普氏原羚性别比例数据呈正态分布**

| 年份 | 铁路南 | | | 铁路北 | | |
|---|---|---|---|---|---|---|
| | $n$ | Kolmogorov-Smirnov Z | $P$ | $n$ | Kolmogorov-Smirnov Z | $P$ |
| 2010 | 11 | 0.654 | 0.786 | 11 | 0.527 | 0.944 |
| 2011 | 5 | 0.542 | 0.930 | 5 | 0.447 | 0.988 |

**表 3-8　哈尔盖-甘子河铁路南北两侧普氏原羚性别比例无显著差异**

| 年份 | $n_S$ | $n_N$ | $P$ |
|---|---|---|---|
| 2010 | 11 | 11 | 0.503 |
| 2011 | 5 | 5 | 0.691 |

注：$n_S$ 和 $n_N$ 代表铁路南和铁路北样本量。

独立样本 $t$ 检验比较全区年际间差异同样不显著（$n_{2010}=22$，$n_{2011}=10$，$P=0.202$）。单样本 $K$-$S$ 检验结果显示全区 2010 与 2011 两年共计 32 次调查数据呈正态分布（$n=32$，Kolmogorov-Smirnov $Z=0.613$，$P=0.846$），计算平均性别比例为 $0.493\pm0.147$。

### 3.3.4　哈尔盖-甘子河地区普氏原羚种群生命表

（1）普氏原羚生育率

2010 年 7—9 月于铁路南北两侧各进行 11 次调查，2011 年 8—9 月于铁路南北两侧各进行 5 次调查，2012 年于铁路南北两侧各进行 4 次调查，共计 40 次调查，收集到的数据如表 3-9 所示。

**表 3-9　2010 年 7—9 月，2011 年 8—9 月，2012 年 8—9 月哈尔盖-甘子河地区普氏原羚生育率调查数据**

| 年份 | 区域 | 序号 | 调查日期 | 幼/雌(只) | 比值 |
|---|---|---|---|---|---|
| 2010 | 铁路南 | 1 | 0710 | 5/127 | 0.039 |
| | | 2 | 0716 | 26/136 | 0.191 |
| | | 3 | 0720 | 23/104 | 0.221 |
| | | 4 | 0725 | 25/106 | 0.236 |
| | | 5 | 0730 | 60/146 | 0.411 |
| | | 6 | 0805 | 65/152 | 0.428 |
| | | 7 | 0814 | 34/74 | 0.459 |
| | | 8 | 0822 | 137/247 | 0.555 |
| | | 9 | 0825 | 97/164 | 0.591 |

**续表**

| 年份 | 区域 | 序号 | 调查日期 | 幼/雌(只) | 比值 |
| --- | --- | --- | --- | --- | --- |
| | | 10 | 0902 | 74 / 120 | 0.617 |
| | | 11 | 0907 | 120 / 210 | 0.571 |
| | 铁路北 | 1 | 0712 | 10 / 143 | 0.070 |
| | | 2 | 0717 | 33 / 97 | 0.340 |
| | | 3 | 0722 | 29 / 77 | 0.377 |
| | | 4 | 0727 | 44 / 102 | 0.431 |
| | | 5 | 0731 | 31 / 54 | 0.574 |
| | | 6 | 0806 | 71 / 134 | 0.530 |
| | | 7 | 0815 | 76 / 139<br>77 / 143[a] | 0.543 |
| | | 8 | 0821 | 69 / 119 | 0.580 |
| | | 9 | 0824 | 73 / 131 | 0.557 |
| | | 10 | 0901 | 109 / 196 | 0.556 |
| | | 11 | 0905 | 81 / 148 | 0.547 |
| 2011 | 铁路南 | 1 | 0806 | 82 / 176 | 0.466 |
| | | 2 | 0811 | 82 / 165 | 0.497 |
| | | 3 | 0823 | 64 / 114 | 0.561 |
| | | 4 | 0908 | 75 / 139 | 0.540 |
| | | 5 | 0910 | 59 / 104 | 0.567 |
| | 铁路北 | 1 | 0803 | 61 / 153 | 0.399 |
| | | 2 | 0809 | 81 / 154 | 0.526 |
| | | 3 | 0819 | 83 / 157 | 0.529 |
| | | 4 | 0907 | 94 / 172 | 0.547 |
| | | 5 | 0909 | 96 / 165 | 0.582 |
| 2012 | 铁路南 | 1 | 0823 | 106 / 165 | 0.642 |
| | | 2 | 0825 | 156 / 246 | 0.634 |
| | | 3 | 0828 | 107 / 165 | 0.648 |
| | | 4 | 0902 | 155 / 237 | 0.654 |
| | 铁路北 | 1 | 0821 | 134 / 209 | 0.641 |
| | | 2 | 0824 | 120 / 186 | 0.645 |
| | | 3 | 0826 | 149 / 236 | 0.631 |
| | | 4 | 0901 | 150 / 221 | 0.679 |

注：a. 2010 年 8 月 15 日铁路北侧重复调查了两次，计算均值作为当日生育率。

蓝色格子中数据将会用于后面的统计分析。

从 2010、2011 和 2012 年三年的数据来看，哈尔盖-甘子河地区普氏原羚生育率呈现出 7 月中旬到 8 月初短期迅速上升，而后近乎持平的趋势（图 3-9）。如果考虑半个月内幼仔卧伏隐蔽难以发现，普氏原羚产仔高峰期约为 6 月底至 7 月底。同时，产仔高峰过后，幼/雌比例没有出现下降，说明普氏原羚幼仔出生后短期内没有大规模的死亡事件发生。

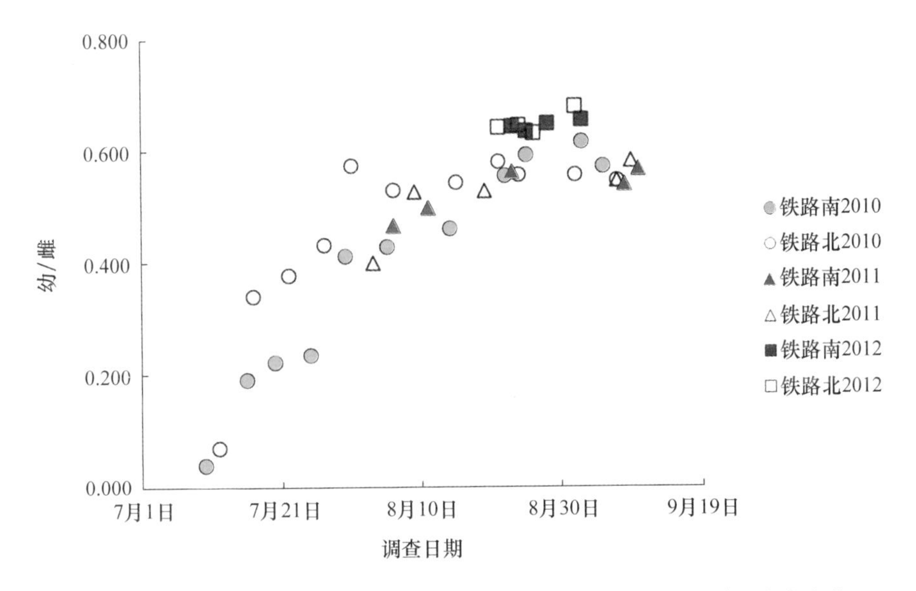


图 3-9　2010、2011 和 2012 年哈尔盖-甘子河铁路南北两侧普氏原羚生育率变化

本研究在 2010 年 7 月—2012 年 4 月收集死伤个体构建生命表，因此使用同时段内所观察到的生育率。计算 2010 年与 2011 年哈尔盖-甘子河地区普氏原羚生育率均值为 0.551±0.035（$n$ = 18），将其用于生命表和矩阵模型的构建。

（2）普氏原羚死亡个体

2010 年 7 月至 2012 年 4 月，在哈尔盖-甘子河地区共收集到普氏原羚伤亡记录 163 条。经过现场判定及遗传学分析，除去性别不清的个体与重复记录后，共 67 条雄性记录和 55 条雌性记录。由于受伤个体移交青海湖国家级自然保护区野生动物救护中心饲养（图 3-10），对野外种群的影响与死亡个体相同，因此在以下分析中不再做死、伤的区分，一并称为死亡事件。

图 3-10　被围栏刮伤的普氏原羚幼仔（左）（刘佳子　摄）；刘佳子送受伤幼仔去鸟岛救护中心（右）（卜红亮　摄）

由于雄性个体具角，其头骨经常会被取走用于非法制作标本，我们收集到头骨的不足 20 个个体。同时，由于生活策略差异，有蹄类动物雄性牙齿磨损速率高于雌性（Høye，2006），不能依照统一的相对标准划分两个性别个体的年龄段。因此，我们仅仅使用有现场描述的，或者有头骨、肱骨、股骨样品，可划分年龄段的 45 条雌性记录构建生命表，其划归年龄段如表 3-10。

**表 3-10　2010 年 7 月—2012 年 4 月，哈尔盖-甘子河地区雌性普氏原羚死亡个体年龄段划分及其依据**

| 年龄段 | 死亡个体数／只 | 存活个体数量／只 | 划分依据 | | | | |
|---|---|---|---|---|---|---|---|
| | | | 切齿 | 前臼齿 | 臼齿 | 肱骨 | 股骨 |
| 0—2 月龄 | 10 | 35 | 全部为乳齿 | 全部为乳齿 | 尚未露头 | | |
| 2 月龄—1 龄 | 11 | 24 | 全部为乳齿 | 全部为乳齿 | 第三臼齿尚未露头 | 两端骨骺均未愈合 | 两端骨骺均未愈合 |
| 1—2 龄 | 3 | 21 | 第一、第二切齿更换 | 逐步替换 | 第三臼齿生长 | 近端骨骺未愈合，远端基本愈合 | 两端骨骺均未愈合 |
| 2—3 龄 | 3 | 18 | 第四切齿未更换 | 更换基本完成，轻微磨损 | 生长基本完成，轻微磨损 | 近端骨骺未愈合，远端愈合 | 两端骨骺均未愈合 |

**续表**

| 年龄段 | 死亡个体数/只 | 存活个体数量/只 | 划分依据 | | | | |
|---|---|---|---|---|---|---|---|
| | | | 切齿 | 前臼齿 | 臼齿 | 肱骨 | 股骨 |
| 3—4 龄 | 6 | 12 | 更换完毕，轻微磨损 | 更换完毕，轻度磨损 | 生长完毕，轻微磨损 | 两端骨骺基本愈合 | 两端骨骺基本愈合 |
| 4—5 龄 | 6 | 6 | 更换完毕，轻度磨损 | 恒齿中度磨损 | 中度磨损 | 两端骨骺愈合 | 两端骨骺愈合 |
| 5—6 龄 | 5 | 1 | 轻度—中度磨损 | 恒齿中度—重度磨损 | 中度—重度磨损 | 两端骨骺愈合 | 两端骨骺愈合 |
| 6 龄及以上 | 1 | 0 | 中度—重度磨损 | 恒齿重度磨损 | 重度磨损 | 两端骨骺愈合 | 两端骨骺愈合 |

(3) 哈尔盖-甘子河地区普氏原羚生命表与矩阵模型

有研究称，圈养普氏原羚雌性首次生育年龄为 2 龄，但是本研究组曾发现过一例 1 龄难产死亡的雌性，推测雌性普氏原羚通常于 1.5 龄时参与交配，也存在极少数个体在 6 月龄参与交配受孕。由于普氏原羚救护圈养个体少，时间短，没有针对普氏原羚雌性最大繁殖年龄的报道，且野外种群无法判断 1 龄及以上雌性活体的具体年龄段，因此生育率调查中，划归成年雌性的个体包括可能不参与繁殖的 1 龄个体和老年个体。将普氏原羚生命周期简化如图 3-11。

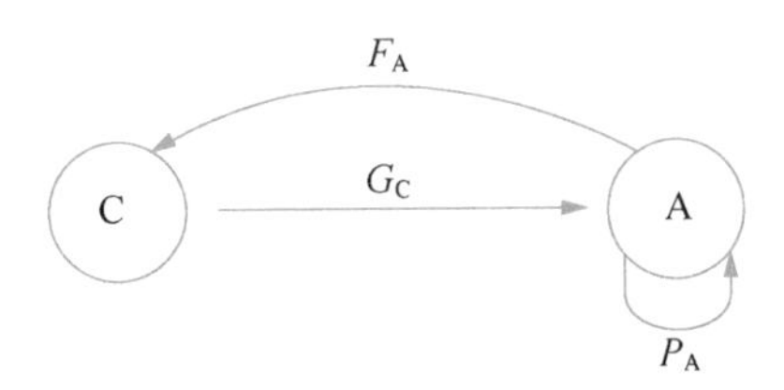


图 3-11　简化普氏原羚生命周期示意图

C：1 龄以内个体；A：1 龄及以上个体；$F_A$：成体生育率；$G_C$：幼仔存活至成体阶段的概率；$P_A$：成体在本年龄段的存活概率

蒙古原羚出生性别比例：雄∶雌＝1∶1（Olson，et al，2005），我们假设普氏原羚出生性比与蒙古原羚相同。用于构建雌性生命表时所用的生育率 $F_A$，是成年雌性产生雌性后代的比例，即直接观察所得生育率（幼仔/雌性）的 1/2。由于生育率调查时间为幼仔出生后 1～2 个月，因此用 2 个月内的幼仔存活率校正 2010 年和 2011 年夏季生育率均值。$G_C$ 等于表 3-10 中 1 龄及以上个体数量与总数量的比值。$P_A$ 等于存活大于等于两年的个体数量与存活大于等于一年个体数量的比值。以此建立简化的生命表（表 3-11）和矩阵模型$\mathbf{A}$(Rockwood，2006)。

**表 3-11　哈尔盖-甘子河地区雌性普氏原羚简化生命表**

| 年龄段 | 存活率 | 生育率 |
| --- | --- | --- |
| 0—1 龄 | 0.533 | 0 |
| 1 龄及以上 | 0.707(存活在本年龄段) | 0.354 |

$$F_A = \frac{\frac{0.551}{2}}{\frac{35}{45}} = 0.354$$

$$G_C = \frac{24}{45} = 0.533$$

$$P_A = \frac{21+18+12+6+1}{24+21+18+12+6+1} = 0.707$$

$$\mathbf{A} = \begin{pmatrix} 0 & F_A \\ G_C & P_A \end{pmatrix} = \begin{pmatrix} 0 & 0.354 \\ 0.533 & 0.707 \end{pmatrix}$$

种群增长率 $\lambda$ 是矩阵的非负特征值（eigenvalue)，$\lambda<1$，表明种群负增长，$\lambda>1$ 表明种群正增长（Rockwood，2006)。通过计算得到哈尔盖-甘子河地区普氏原羚种群雌性群增长率 $\lambda=0.914<1$，属于负增长类型。

## 3.4　讨论

### 3.4.1　哈尔盖-甘子河地区铁路南北普氏原羚种群的划分及其在调查与分析中的应用

哈尔盖-甘子河是现存普氏原羚数量最多的地区（Li，et al，2012；Zhang，et al，2013)，整个区域被东西向的青藏铁路划分成两部分，如前所述，铁路很可能限制了南北两侧种群间的交流。种群规模与个体密度、性别比例以及生育率调查均使用直接计数法，由于人力限制，调查无法在一日内覆盖整个区域，因此，通常将铁路作为分隔，在相邻的两日内分别对南北两侧进行调查，而后将结果汇总。

本研究试图确定哈尔盖-甘子河地区普氏原羚种群整体数量变化的同时，分开探讨两侧种群是否存在数量变化上的差异，这种差异性也许可以帮助我们寻找这一濒危物种种群动态的关键参数及其关键影响因素。但截线法要求样本量至少为40，而且增加样本量可以提高预测结果精确性（Buckland，et al，1993）。张璐等人2009年调查数据截断处理后总样本量为37，无法细化到分别对两侧种群进行模拟运算。为了与2009年调查数据对比，我们在2012年的调查也以整个区域为基础，两次结果对比反映全区普氏原羚整体数量变化。由于普氏原羚活体数量少，死伤事件更是难以发现，为了增加样本量进而增加生命表的可靠性，收集死伤个体信息的工作同样也在整个哈尔盖-甘子河地区开展。因此，实现对铁路两侧种群的比较还需要更大的工作量和更多的数据积累。

### 3.4.2　普氏原羚产仔高峰与生育率调查时间选择

有报道称普氏原羚产仔期为5月（Wallace，1913）至6月中（Jiang，et al，1996），张璐于2008年进行的调查认为，产仔期会持续到7月（张璐，2011）。原羚属中蒙古原羚新生幼仔2～3周内有独自卧伏躲藏的行为，藏原羚出生后2周内也会躲藏起来，蒋志刚等（2004）描述普氏原羚幼体不跟随母体运动，而是隐藏在草丛中，张璐等2008年7月也观察到躲藏的普氏原羚新生幼仔（张璐，2011）。本研究组人员在2010年与2011年的调查中，8月15日之后就很少遇到卧伏隐蔽的幼仔。如前所述（图3-9），普氏原羚生育率于7月中旬到8月初短期迅速上升，8月上中旬之后趋于稳定。因此，推测普氏原羚产仔高峰期约为6月底至7月底。普氏原羚幼仔生长速度快，9月中旬以后很多3月龄幼仔在观察距离远或者视野不够清楚的情况下很难与成年雌性区分开。调查普氏原羚生育率应该选择数值稳定且容易区分的时间段，在哈尔盖-甘子河地区，8月中旬至9月初是最佳调查时间段。

### 3.4.3　哈尔盖-甘子河地区普氏原羚种群数量变化

2008年在哈尔盖-甘子河地区计数到普氏原羚522只，2010年为586±6

只，2011 年为 702±19 只。直接比较发现，2008—2011 的 3 年间，哈尔盖-甘子河地区普氏原羚数量有所增长。在野外条件下使用截线法，做到符合2.1中提到的所有的前提条件是很困难的（Southwell，1994；哈里斯，1996）。为了使结果具有较高的可比性，我们在 2012 年重复了 2009 年张璐等人调查所用的样线，并选取 2009 年调查中相同区域内的数据重新进行模拟运算（表3-12）。在两次结果中，种群规模与个体密度都具有很宽的置信区间，且相互重叠，不能明确反映普氏原羚种群数量的变化。

**表 3-12　哈尔盖-甘子河地区，2009 年 4 月与 2012 年 1 月截线法所得普氏原羚种群规模与个体密度**

| 项目 | 2012 年 1 月 | | | | 2009 年 4 月 | | | |
|---|---|---|---|---|---|---|---|---|
| | 数值 | *SE* | 95% *CI* | *CV* % | 数值 | *SE* | 95% *CI* | *CV* % |
| *n* | 84 | | | | 37 | | | |
| *n* /*L* ( *df* ) | 1.13E-03(11) | | 8.3E-04～1.52E-03 | 13.76 | 4.9E-04(18) | | 3.5E-04～6.9E-04 | 16.27 |
| *s* | 7.65 | 1.13 | | | 23.162 | 4.70 | | |
| *E*(S) | 6.51 | 1.02 | 4.78～8.88 | 15.68 | 23.162 | 4.70 | 15.41～34.81 | 20.29 |
| *DS* | 1.821 | 0.29 | 1.305～2.540 | 16.08 | 0.623 | 0.15 | 0.390～0.995 | 23.62 |
| *D* | 11.857 | 2.66 | 7.61 2～18.470 | 22.45 | 14.427 | 4.49 | 7.881～26.412 | 31.13 |
| *N* | 889 | 199.62 | 571～1385 | 22.45 | 1082 | 336.86 | 591～1981 | 31.13 |

注：*n*，观察到的群数量；*n* /*L* ( *df* )，每 1000 米样线上观察到的群个数（自由度）；*s*，平均群大小；*E*(S)，距离校正的群大小；*DS*，群密度；*D*，个体密度；*N*，个体数。

基于生命表的矩阵模型显示，全区雌性群负增长（$\lambda=0.914$）预示着种群整体数量的下降。

综上所述，结合三种方法，虽然直接计数法计数到的个体数量有所增加，但是在截线法结果中没有反应出增长，并且矩阵模型估算的种群增长率表示这一地区普氏原羚种群存在负增长的风险。因此，普氏原羚种群规模调查需要进一步改进和长期的积累，同时明确本地区可能限制普氏原羚种群增长的关键因素，分析其影响因素，对普氏原羚的保护至关重要。

### 3.4.4 直接计数法、截线法和生命表三种方法比较

(1) 直接计数法

直接计数法结果是对种群规模的保守估计（张璐，2011）。2011年11月1—5日，在与截线法相同的区域内，直接计数到普氏原羚个体数量最多为690只（铁路南248只，铁路北442只）。截线法模拟估计结果为889只(95%置信区间：571～1385)。直接计数法结果位于95%置信区间内，接近低值。

直接计数法受调查人员经验影响大，在熟悉普氏原羚分布情况、活动规律和研究区域地形后，使用直接计数法可以得到较为精确可靠的结果。

(2) 截线法

截线法受观察者经验影响小，方法统一，可重复性强，且给出对不确定性的估计，但是结果过宽的置信区间，妨害了其对动物种群数量变化评估的有效性（Young，et al，2010）。增加样本量和降低群大小的变异可以提高预测结果的精确性（Buckland，et al，1993）。本研究组2012年1月的调查相对于2009年4—5月的调查，相同区域样本量由37群增加至84群；通过修改群的定义，仅仅将间隔距离小于50米且具有相同移动方向的个体视为小群，单独活动的个体不归并入任何小群。平均群大小由23.16±4.70（mean±SE），降低到7.65±1.13（mean±SE）。群密度、个体密度和群大小三个参数的变异系数都低于2009年的结果。然而，2012年预测结果的置信区间仍然非常宽，并且由群大小引起的变异占到总体变异的近一半（48.7%）。在今后的调查中需要进一步明确群定义，精确测量距离，增加样本量来提高结果精度，方可使截线法有更好的应用。此外，总体变异的37.5%由遇见率所引起，而遇见率反映的是各样线间遇见普氏原羚群体数量的差异。普氏原羚有集群活动的习性，在今后的调查中可以尝试增加不同走向的样线数量来降低遇见率变异。总之，一方面截线法可能适合在更大的时间、空间尺度上反映种群变化；另一方面此方法在实际调查的应用中还有较大的改进空间。

(3) 生命表

样本量较小可能影响生命表与矩阵模型的可靠性。虽然本研究组在样线法调查之外努力收集牧户协管员巡护时发现的死亡个体，但是普氏原羚本身

数量少，导致死亡事件少，且无论是样线还是协管员巡护不可能覆盖整个区域和所有时间段，我们也无法收集到所有死亡个体，此外，未及时发现的个体往往无法保留具有年龄特征的部位，因此，用于构建生命表的雌性个体仅有 45 例，占收集到雌性死亡事件的 79%。

特定时间生命表适用各年龄段存活率趋于稳定的种群（Rockwood, 2006）。然而，哈尔盖-甘子河地区的普氏原羚种群动态是缺乏了解的，目前仅有的研究是对该区域 2009 年幼仔出生后三个月内存活率的报道（张璐，2011），对其他年龄段存活率的研究尚处于空白。如果本区域普氏原羚各年龄段存活率仍然具有较大的变异性，则会降低模型模拟结果的可靠性。

普氏原羚年龄的判定存在不确定性，可能影响生命表的精确性。由于没有对普氏原羚圈养个体牙齿生长、替换、磨损及骨骼发育的研究报道，我们只能参照羊牙齿生长替换时间与牛骨骼发育进程，根据经验，依照角形判断 2 龄以内雄性个体年龄（一例 5—6 月龄，一例 7—9 月龄，一例约 1.5 龄，且三个个体仅有头骨样品，无股骨和肱骨样品），参照这些雄性头骨牙齿生长、替换、磨损情况判断 0—2 龄雌性个体的年龄。而对于生长发育完成的个体，尤其 4 龄以上的个体，很难再做较为准确的区分。同时个体采食习惯的差异会导致牙齿磨损速率的个体差异，生长发育进度也存在一定的个体差异，这些都会对年龄判定造成影响。

值得注意的是，在野外工作中，牧户根据经验推断普氏原羚的性别、年龄的可信度极低，不能作为构建生命表的依据。当发现无法直接判断性别、年龄的死亡个体时，牧户协管员往往会根据毛色和毛的软硬程度进行推测：毛色深而硬为雄性，毛色浅且稍软则为雌性，柔软者为幼年个体。与遗传学方法判定性别结果比对，30 个个体中，性别判定错误的高达 16 个（8 个雄性猜错为雌性，8 个雌性猜错为雄性）；依据毛软硬进行年龄判定更是不可靠的。另外 6 个雌性个体野外直接观察推测年龄（仅仅区分成幼）与室内分析结果不符。因此，野外条件下无明确判定特征的死亡个体，可通过遗传学实验方准确鉴定性别，根据标本确凿的生长发育特征方可鉴定年龄。

尽管就单纯地研究种群数量变化情况而言，构建生命表与矩阵模型需要花费更多的人力物力，同时结果不确定性高，但是生命表是最清楚、最直接地展示种群死亡和存活过程的一览表，是生态学家研究种群动态的有力工具

(尚玉昌，蔡晓明，2002)。其作用不仅限于反映种群数量变化本身，还可以进一步比较各个参数对种群数量变化的贡献，分析不同影响因素对种群数量变化的影响程度等。

综上所述，直接计数法适合在调查初期了解种群规模和分布情况，获取一定经验后，直接计数法用于较短时间内特定区域的种群数量变化调查，也可能能够得到较精确、可信程度较高的结果；截线法可比性强，受观察者经验影响小，方法统一，可重复性强，且给出对不确定性的估计，但可能更适用于反映物种大时空尺度数量的变化，使用时要尽量满足前提条件，才能得到较为精确的模拟结果；生命表与矩阵模型具有更广的应用，但需要大量工作以获得详细的种群结构、种群动态参数。今后的工作中还可以尝试用无人机航拍等新技术以及遗传学方法对粪便样品进行个体识别，通过标记-重捕模型估计种群规模。

张璐　摄

# 第四章

# 围栏对普氏原羚生存的影响

如前面章节所述，从表面上来看，近年来记录的普氏原羚种群数量比之前的估计要高，但数量的增加可能大部分取决于调查范围的扩大和调查的努力，而非种群自身真实的增长。郑杰（2005）认为造成20世纪普氏原羚种群数量急剧下降的原因在于无节制的捕杀，但自2002年起，随着青海湖周边地区枪支收缴工作的完成，捕猎已不再是制约普氏原羚种群恢复的主要因素。基于这种情况，许多研究者提出了一些其他的影响因素，包括草地围栏（魏万红，等，1998；刘丙万，蒋志刚，2002b）、家畜的竞争（魏万红，等，1998；刘丙万，蒋志刚，2002a）、狼的捕食（李迪强，等，1999b）以及人类活动的干扰（蒋志刚，等，2001；刘丙万，蒋志刚，2002b）。但到目前为止，还很少有研究针对每个可能的影响因素进行评估。

本章将重点关注草地围栏对普氏原羚的影响，因为围栏的普遍使用与当地枪支收缴基本在同一个时期发生，可能成为继捕猎之后影响普氏原羚生存的一个重要因素。

## 4.1 背景

草原管理的目标是草原的可持续利用，使植被组成以优良牧草为主并维持较高的物种多样性（McNaughton，1992)。建造围栏是人们管理草原的重要手段。目前在草原上广泛使用的带刺铁丝围栏，是19世纪中后期在美国伴随着西进运动出现的。“刺丝围栏是大草原的孩子”（Webb，1931)。拓荒者需要用围栏将他们的耕地围起来，以避免游荡的野生动物或家畜的破坏。后来，围栏不仅用于防止野生动物侵害庄稼、约束家畜的移动，也用于标示对土地的所有权，划分领地范围。正如Hayter（1939）所说，“在控制权的竞争中，人们到处建立带刺围栏，不顾任何所有权、公路或者法律。”

传统上，青海湖周边地区的牧民采用游牧的生活方式。20世纪80年代初，为了打破“大锅饭”格局，调动牧民的积极性，牧区学习农区的“家庭联产承包责任制”，将牛羊作价卖给牧户，再将草场分到各牧户，实行“畜草双承包”政策（Miller，1999)。这其实是草场经营权的转移，期望通过这种转移方式鼓励牧民以更长远的眼光来看待草场，提高对草场的投入，保护好草场的同时，配合畜棚和饲草地的建设，提高畜牧业抗击风险的能力。这种管理方式的理想状态是，将家畜和草场分配给各户牧民，按“科学”的方法计算草地承载力，控制放牧畜群的数量，以达到“草畜平衡”。Longworth，Williamson（1993）对中国牧区进行调查，认为赋予牧民草场私人使用权，让牧民自由参与市场经营活动可能是促使牧民管理好草场的最有效的办法。草原政策改革最初在内蒙古进行试点，之后，“畜草双承包”政策在广大的草原地区推广开来。该政策在青海湖周边地区开展得稍晚一些，有些地方在80年代初进行了试点，但大多数地区都是在1992年之后才开始实行。围栏作为草地管理的重要手段被引入，用以明晰和界定草场产权，同时有助于牧民更细致地管理草场（例如，将最好的草场围出来作为冬季的产羔场)。进入21世纪，因退牧还草工程及公益林建设（属天保工程范畴）都涉及铁丝网围栏的建设，草原围栏密度进一步增加（于长青，2008)。

因为围栏内生境因素很难满足野生动物的所有需求，围栏对草原有蹄类动物的影响往往是负面的（Coughenour，1991），这些影响包括直接导致野生动物的死亡（Harrington，Conover，2006）、阻碍迁移（Howard，1991；Karhu，Anderson，2006）、限制动物对某些关键生态因子的获得，进而影响种群生存（Sheldon，2005）等。Sheldon（2005）的研究表明，叉角羚（*Antilocapra americana*）家域里的围栏密度显著低于家域外区域，它们在迁徙时选择穿越围栏较少的路线。有蹄类在带有一道刺丝的围栏上的死亡率比在不带刺丝的围栏上的死亡率高（Harrington，Conover，2006）。并且，围栏对于野生动物幼仔或亚成年个体的影响更大，进而影响了种群的增长（Howard，1991；Harrington，Conover，2006）。

目前普氏原羚的分布区与当地牧民的草场完全重合，对普氏原羚而言，这个区域已不存在"没有围栏"的草地。普氏原羚生活在一个个被围起来的草场里，区别只在于被围起来的草场的面积大小，或者说，区别在于同样面积的草场上围栏的密度高低。该地区大部分的围栏属于网状铁丝围栏，部分围栏上部还有一道刺丝（图4-1）。

图4-1　青海湖周边地区典型的围栏形态：水泥桩子，7～8道铁丝，高约1.2～1.4米，部分围栏最上面还有一道带刺铁丝。最低一道铁丝离地一般不超过20厘米，目的是为了限制家羊的行动；而最上面的带刺铁丝则是为了防止牦牛撞坏围栏

研究者认为，当普氏原羚试图跳过或钻过围栏时，围栏会对它造成直接的伤害（魏万红等，1998；刘丙万，蒋志刚，2002b）。我们之前的调查也曾发现在围栏上绞缠致死的普氏原羚，当地牧民也多次报告过这样的死亡或受伤情况。另外，由于围栏限制了普氏原羚的自由移动，可能限制了普氏原羚的资源获得，例如，减少了普氏原羚在高质量草地内的取食机会。当地牧民倾向于把最好的草地围起来作为冬季产羔期专用的草场，因此，相对而言，生物量高的草地上围栏的密度更高。在食物缺乏的冬季，不能在高质量栖息地上取食很可能对普氏原羚种群造成严重影响，虽然这种影响比直接伤害要隐蔽得多。本研究一方面要探讨高密度的围栏是否在空间上阻碍了普氏原羚对关键资源（主要是食物）的获得，以及围栏高度和刺丝的使用是否增加了围栏对于普氏原羚的阻碍作用；另一方面要检验围栏是否影响了普氏原羚种群的繁殖力（包括出生率和幼仔死亡率）。除围栏外，我们同时还考虑了草地生物量、家畜密度以及人为活动强度对普氏原羚分布及种群状况的影响。

## 4.2 方法

### 4.2.1 调查区域

调查区域同 2.2.1 所示，包括了除鸟岛以外的所有普氏原羚分布小区（$n=8$，图 2-1，图 4-2），以及 4 个作为对照的非分布区（表 4-1）。每个对照区紧邻一个普氏原羚分布小区，是根据牧民访谈和前期调查证实没有普氏原羚分布，但又与分布区具有相似植被和地形的区域。对于每个分布小区，调查覆盖了 2008 年调查记录到普氏原羚分布的整个区域；而对于对照区，则选择不小于 40 平方千米的具有与分布小区相似的栖息地组成和海拔范围的区域，以便能够布设至少 30 千米的不重叠样线。塔勒宣果和塔勒宣果 _ 东这对分布小区和对照区之间有的不存在明显的物理障碍，元者和元者 _ 南之间也不存在明显的隔离。哈尔盖-甘子河 _ 北和哈尔盖-甘子河 _ 西之间有 315 国道，但偶尔普氏原羚也会跨越公路在这两者之间移动。沙岛和沙岛 _ 北之间有一条铁路和一条公路，没有发现普氏原羚在这两者之间移动。

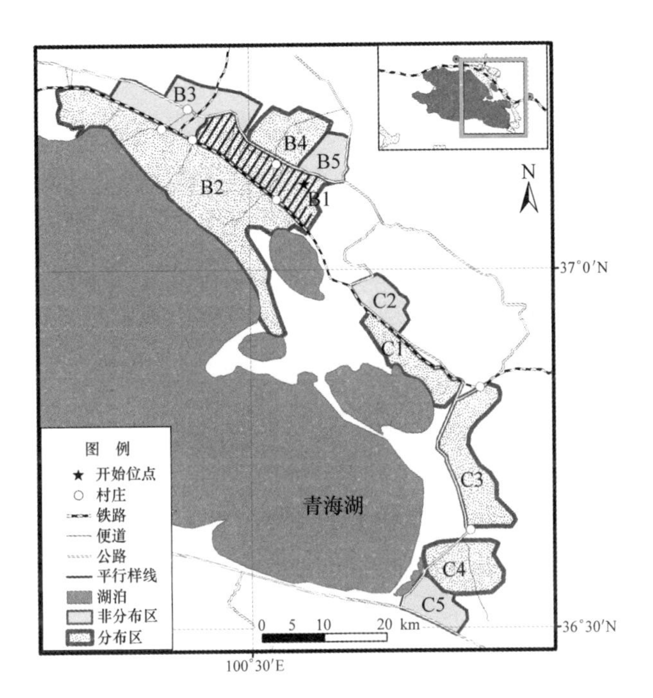


图 4-2　青海湖北部和东部地区的调查区域的详细信息。图中编号与表 4-1 对应

**表 4-1　调查区域的基本情况，各分布区按照从北至南的顺序排列**

| 编号[①] | 区　　域 | 调查面积/平方千米 | 所属盆地 | 平均海拔/米 | 2009 年内调查时间 |
|---|---|---|---|---|---|
| 1 | 天峻 TJ | 150 | 青海湖 | 3687 | 4—6 月;8 月 |
| B1 | 哈尔盖-甘子河_北 HG_n | 80 | 青海湖 | 3255 | 4—6 月;8 月 |
| B2 | 哈尔盖-甘子河_南 HG_s | 200 | 青海湖 | 3213 | 4—6 月;8 月 |
| B3 | 哈尔盖-甘子河_西(对照) HG_w | 90 | 青海湖 | 3268 | 4—6 月;8 月 |
| B4 | 塔勒宣果 TLXG | 45 | 青海湖 | 3303 | 4—6 月;8 月 |
| B5 | 塔勒宣果_东(对照)TLXG_e | 30 | 青海湖 | 3326 | 11 月 |
| C1 | 沙岛 SD | 35 | 青海湖 | 3240 | 4—6 月;8 月 |
| C2 | 沙岛_北(对照)SD_n | 35 | 青海湖 | 3281 | 11 月 |
| C3 | 湖东 HD | 100 | 青海湖 | 3306 | 4—6 月;8 月 |
| C4 | 元者 YZ | 50 | 青海湖 | 3261 | 4—6 月;8 月 |
| C5 | 元者_南(对照)YZ_s | 35 | 青海湖 | 3216 | 11 月 |
| 6 | 哇玉 WY | 300 | 共和 | 3177 | 4—6 月;8 月 |

注: ① 编号与图 2-1 及图 4-2 中的编号对应。

### 4.2.2 野外数据收集

(1) 平行样线

为量化各区域的围栏密度，所有区域都布设了平行样线。样线设计见“2.2.2 普氏原羚种群的分布”。调查中共布设了226条样线，平均样线长度为（4.6±0.14）千米。

调查人员沿着布设好的样线徒步行进，用GPS记录样线上左右各2米之内的普氏原羚粪便的位置。调查中只记录比较新鲜的粪便（例如，湿且软的新鲜粪便，或干的但表面光滑且颜色深的粪便）。调查人员同时记录所遇见的所有围栏的位置、类型（有无刺丝）、整体高度以及最下面三道铁丝的高度。另外，调查人员使用GPS记录观察者的位置，使用罗盘记录所见家畜群的方位角，估计家畜群距观察者的距离，同时记录家畜群的类型和数量。所有调查人员在开始调查前都用测距仪进行距离估计的校正。尽管在开阔平坦的草原上能见到1000米外的家畜群，但为准确起见，我们只记录样线两侧各500米内的家畜群。此外，调查人员也记录牧民房屋的位置（记录方位角，估计距离）。

平行样线调查共进行了3次：2009年4—6月调查了除鸟岛外的所有普氏原羚分布区；2009年8月重复调查了4—6月调查的约60%的样线；2009年11月调查了4个对照区。因研究区域是当地牧民的冬季牧场，每年夏天从6月到9月家畜被转移到山上的夏季牧场，故可以认为从每年的10月到次年5月家畜密度都保持不变。

(2) 种群出生率和死亡率调查

调查人员在2009年8月和11月各进行了1次种群结构调查。我们在分布区内布设样线，以记录尽可能多的个体。每天上午（从日出到约11点）沿样线步行，记录所见普氏原羚群体的位置、数量以及性别和年龄组成（只区分新生幼仔和成年个体）。1龄雌性与成年雌性外表基本无区别，故并未做区分，因此最后得到的幼仔与雌性的比例（幼仔/雌性）比实际值偏低。每个分布区重复调查2～5次（每天1次），加和所有的幼仔数和雌性数量，计算幼仔与雌性的比例。将8月份的幼仔与雌性比例作为种群出生率的一个指标，而将8月份与11月份之间幼仔与雌性比例的差异作为种群3月龄幼仔死亡率的指标。

#### 4.2.3　数据分析

对于4组普氏原羚分布小区和对照区（哈尔盖-甘子河_北和哈尔盖-甘子河_西，塔勒宣果和塔勒宣果_东，沙岛和沙岛_北，元者和元者_南），我们在SPSS 15.0中使用Mann-Whitney *U*检验比较了4个方面的指标：地上生物量（春季和夏季两个季节）、围栏相关指标（密度、高度和带刺丝围栏比率）、家畜密度以及人类活动的影响。

本研究中使用美国国家航空航天局（NASA）的Terra卫星上加载的传感器"中分辨率成像光谱仪"（MODIS）所提供的增强型植被指数（EVI）作为草地地上生物量的指标。EVI与地上生物量之间有线性或指数型的关系（Tucker，Sellers，1986；Paruelo，et al，1997），被广泛地用于衡量植被生物量（例如Kawamura，et al，2005a；Hassan，et al，2007；Sims，et al，2008）。选择MODIS提供的16天复合EVI数据（250米精度），编号为h25v05和h26v06的两景EVI数据覆盖了整个调查区域，我们从NASA的网站上（https://lpdaac.usgs.gov/lpdaac/get_data/data_pool）下载了3个时相——2009年5月9日至24日，7月28日至8月12日以及11月1日至16日的数据。

为比较样线上生物量的差异，首先将平行样线分隔成1000米的小段。因每段样线在EVI网格数据上叠加的情况不同，我们使用ArcGIS 9.2的一个扩展工具Hawth's analysis tools（http://www.spatialecology.com/htools/linerasterstats.php）中的"Line raster intersection statistics"功能来计算"长度加权的平均"（length weighted mean，LWM），EVI值作为每段样线上的草地生物量指标。

此外，统计每段样线上的围栏数量（倒伏的围栏不计在内）作为围栏密度的一个指标。同时，计算每段样线上所有围栏的平均高度以及带刺丝围栏所占的比例。对每一段样线做缓冲区（样线两侧各500米，等同于样线调查的有效距离），使每一段样线生成1000米×1000米的栅格，统计落在栅格内的家畜数量，并将所有家畜折算成标准绵羊单位（Dried Sheep Equivalent，DSE）（McLaren，1997）：1只绵羊或山羊为1个绵羊单位，1只牦牛折算为4个绵羊单位，1只黄牛折算为5个绵羊单位，1匹马折算为6个绵羊单位（Qi，2009），得到家畜密度的一个指标。据从牧民访谈得到每户平均草场面积约为1平方千米，故使用 1000 米 × 1000 米的栅格作为统计单元是合适的。测量每段样线的中心点到最近的牧户房屋的距离，将此距离作为人为干扰强度的一个指标。

为了研究普氏原羚和家畜对于草地生物量的选择性，我们在研究区域内生成 2 组随机点，随机点的数量分别与春季和夏季调查所得普氏原羚粪便位点数相同。将 250 米精度的 EVI 按照位置关系赋值给随机点、普氏原羚粪便位点以及家畜位点。在 SPSS 15.0 里使用 Mann-Whitney *U* 检验分别比较两个季节中随机点、普氏原羚和家畜位点的 EVI 值。

对于 8 个普氏原羚分布小区，本研究采用广义线性模型（Generalized linear model，GLM）来筛选在空间上影响普氏原羚活动的因素。取样单元为 1000 米样线及其衍生出的 1000 米 × 1000 米栅格，因变量为普氏原羚粪便密度（即每 1000 米样线上统计的粪便数量），自变量则包括围栏密度（FEN）、平均围栏高度（HEI）、带刺丝围栏比率（BAR）、EVI、家畜密度（DSE）以及样线中点与最近房屋的距离（HOU）。因青海湖盆地和共和盆地之间有约 200 米的海拔差，我们也把海拔作为自变量之一（DEM 来源：ASTER 全球海拔数据，30 米精度，由 METI 和 NASA 提供）（表 4-2）。因为家畜密度和草地生物量在春季和夏季有明显的不同，将两个季节的数据分别进行回归分析。

**表 4-2　逻辑斯蒂回归分析中变量的相关说明**

| 变　量 | 说　明 | 数量来源 |
| --- | --- | --- |
| 因变量 | | |
| 有(1)/无(0) | 单位样线上有/无普氏原羚粪便 | 平行样线调查 |
| 自变量 | | |
| FEN | 单位样线上的围栏数量 | 平行样线调查 |
| HEI | 单位样线上围栏的平均高度 | 平行样线调查 |
| BAR | 单位样线上带刺围栏的比例 | 平行样线调查 |
| EVI | 增强型植被指数，草地生物量的一个指标 | MODIS 16 天复合 EVI 数据(250 米精度)，NASA 提供 |
| DSE | 每 1000 米 × 1000 米栅格内家畜折算成的标准绵羊单位 | 平行样线调查 |
| HOU | 每段单位样线中点到最近房屋的距离 | 平行样线调查 |
| ELE | 单位样线中点的海拔 | ASTER 全球海拔数据，30 米精度，由 METI 和 NASA 提供 |
| AC | 空间自相关量，代表临近单元格对某一单元格可能存在的影响 | 平行样线调查 |

因变量“样线上的粪便数量”为满足泊松分布的计数变量（count variable），可采用泊松回归模型进行分析（Lindsey，1995）。如果因变量不满足“方差与平均值相等”的条件，表现为方差大于平均值（称为超离散，over-dispersion），此时用泊松回归模型容易低估标准误的大小（陈峰，等，1999），但可以使用更为合适的负二项回归模型。因本研究中的因变量方差都大于平均值（春季因变量方差为5.03，平均值为0.90，夏季因变量方差为5.85，平均值为1.05），并且因变量中有大量的零值（653个值中有493个为零），我们选择了“零膨胀负二项回归模型”（zero-inflated negative binomial regression model）。Vuong Non-Nested Hypothesis Test也显示该模型优于一般的负二项回归模型（$P=0.003$）。但从回归结果来看，模型中的计数部分（count portion）没有一项自变量是显著的，而膨胀部分（inflation portion）中围栏密度和距房屋距离都有显著贡献（0.05的显著性水平）。该结果说明只考虑样线上有/无普氏原羚粪便比考虑样线上有多少堆粪便更有意义。因此，我们将样线上的粪便密度转变成有/无数据，即没有粪便分布的样线记为“无”，有粪便分布的样线记为“有”，并使用逻辑斯蒂回归模型（logistic regression model）来分析限制普氏原羚空间分布的因素。

在进行回归分析之前，我们对自变量进行了两两之间的Spearman相关性分析来检验自变量之间的共线性（collinearity），得到相关系数在−0.38～0.63之间（表4-3），低于一般的共线性去除标准（0.80，据Berry，Feldman，1985），因此，所有自变量都参与回归分析。

**表4-3　用于逻辑斯蒂回归分析的7个自变量两两之间的Spearman相关系数**

| 季节 | | FEN | EVI | DSE | HOU | BAR | HEI | ELE |
|---|---|---|---|---|---|---|---|---|
| 春季 | FEN | 1.00 | | | | | | |
| ($n=653$) | EVI | 0.37** | 1.00 | | | | | |
| | DSE | 0.08 | 0.28** | 1.00 | | | | |
| | HOU | −0.27** | −0.26** | −0.17** | 1.00 | | | |
| | BAR | 0.23** | 0.20** | 0.06 | −0.08* | 1.00 | | |
| | HEI | 0.54** | 0.33** | 0.06 | −0.21** | 0.63** | 1.00 | |
| | ELE | −0.11** | 0.12** | −0.09* | −0.04 | 0.02 | 0.00 | 1.00 |

续表

| 季节 | | FEN | EVI | DSE | HOU | BAR | HEI | ELE |
|---|---|---|---|---|---|---|---|---|
| 夏季 | FEN | 1.00 | | | | | | |
| ($n=393$) | EVI | 0.34** | 1.00 | | | | | |
| | DSE | −0.06 | −0.14** | 1.00 | | | | |
| | HOU | −0.21** | −0.38** | 0.03 | 1.00 | | | |
| | BAR | 0.28** | 0.15** | −0.04 | −0.08 | 1.00 | | |
| | HEI | 0.61** | 0.31** | −0.11* | −0.21** | 0.51** | 1.00 | |
| | ELE | −0.07 | 0.33** | −0.08 | 0.09 | 0.09 | 0.10 | 1.00 |

注：**：相关性在0.01水平上显著（双侧检验）；*：相关性在0.05水平上显著（双侧检验）。

因逻辑斯蒂回归分析要求因变量的独立性，我们在第一步用所有的自变量进行逻辑斯蒂回归，并计算回归模型残差的空间自相关系数——Moran's I系数（Moran，1950；Oden，Sokal，1986；Legendre，Legendre，1998）。结果显示计算所得的Moran's I系数大于预期（$P<0.01$），表明存在空间自相关，不符合逻辑斯蒂回归模型的要求。因此，我们在模型中加入了一个空间自相关量（autocovariate，AC）（Augustin，et al，1996），该变量代表临近的取样单元对某一单元可能存在的影响。根据回归模型的空间自相关图，我们把某取样单元4000米之内的临近单元都包括在AC的计算中。

7个自变量共有128种组合，计算每种变量组合所得模型的AIC值（Akaike Information Criterion）（Akaike，1973）作为模型拟合优度的指标。按照AIC值从小到大排列所有模型，用每个模型的AIC值减去所有模型中最小的AIC值就得到了该模型的ΔAIC值。一般认为ΔAIC≤2的模型属于等效模型（Burnham，Anderson，2002），有相似的拟合优度。另外，我们也计算了每个模型Akaike比重（Akaike weight，$\omega_i$）。如果没有单个模型的拟合优度显著高于其他模型（例如$\omega_i=0.9$），则对所有模型进行平均处理（model-averaging）（Gibson，et al，2004）：每个自变量的回归系数用$\omega_i$进行加权叠加，最后得到每个自变量的最终的回归系数。同时，进行分层分区分析（hierarchical partitioning analysis）来确定最终保留在最佳模型中的自变量（Mac Nally，2000，2002），随机取样重复1000次。最后，使用ROC曲线检验最佳模型对于区分样线上有无普氏原羚粪便分布的能力，计算ROC曲线下的面积（area under the ROC curve，AUC）。AUC 的值介于 0.5～1 之间：当 AUC 值为0.5时，表明模型对分布有/无的数据无区分能力；AUC 的值越接近于 1，说明模型对分布有/无的数据的区分能力越强（Pearce，Ferrier，2000）。

本研究使用统计软件 R（2.14.2，R foundation for statistical computing，Vienna，Austria）进行空间自相关分析和逻辑斯蒂回归分析，用到的扩展包包括 MASS（Venables，Ripley，2002）、ncf（Bjornstad，2009）、ape（Paradis，et al，，2004）、spdep（Bivand，2011）、MuMIn（Barton，2012）以及 hier. part（Walsh，MacNally，2008）。ROC 分析则在 SPSS 进行。

对每个普氏原羚分布小区的种群出生率和幼仔死亡率，在 SPSS 中使用 Spearman 秩相关分别分析它们与围栏密度、家畜密度、离最近房屋的距离、春季 EVI 和夏季 EVI 的关系。

## 4.3　结果

调查人员共完成了 810 千米的样线调查（653 千米在普氏原羚分布区内，157 千米在非分布区），样线上共记录了 1673 道围栏（1185 道在分布区内，488 道在非分布区）。在分布区内，围栏的平均密度从每千米样线 0.6～4.8 道围栏，而非分布区则是从 2.3～3.6 道。分布区内的 653 个 1000 米样线段上，有 160 段发现了普氏原羚粪便。我们使用春季调查的 653 段 1000 米样线和夏季调查的 393 段样线分别进行了逻辑斯蒂回归分析。

### 4.3.1　普氏原羚分布区与对照区的比较

对分布小区和非分布区各环境因子的比较结果如下：

(1) 围栏密度

分布区的平均围栏密度为（2.9±0.2 $n$）/千米（$n$ = 231），非分布区的平均围栏密度为（3.1±0.1 $n$）/千米（$n$ = 157），前者显著低于后者（Mann-Whitney $U$ = 15893.0，$P$ = 0.037）。

(2) 围栏高度

分布区的平均围栏高度为（0.90±0.03）米，非分布区的平均围栏高度为（1.00±0.03）米，前者显著低于后者（Mann-Whitney $U$ = 15128.5，$P$ = 0.006）。

(3) 带刺围栏的比例

分布区的平均带刺围栏比例为 0.41±0.02，非分布区为 0.45±0.03，两者之间差异不显著（Mann-Whitney $U$ = 17050.0，$P$ = 0.305）。

(4) 春季草地生物量

分布区的春季平均 EVI 为 0.135±0.002，非分布区的春季平均 EVI 为 0.145±0.003，前者显著低于后者（Mann-Whitney $U$ = 15263.0，$P$ = 0.008）。

(5) 夏季草地生物量

分布区的夏季平均 EVI 为 0.286±0.005，非分布区的春季平均 EVI 为 0.333±0.009，前者显著低于后者（Mann-Whitney $U$ = 14055.5，$P$ < 0.001）。

(6) 家畜密度

分布区的平均家畜密度为（246.4±23.1）DSE/平方千米，非分布区的平均家畜密度为（225.6±23.4）DSE/平方千米，两者之间差异不显著（Mann-Whitney $U$ = 17796.0，$P$ = 0.75）。

(7) 到牧民房屋的距离

分布区内栅格距最近牧民房屋的平均距离为（0.82±0.06）千米，非分布区的平均距离为（0.59±0.04）千米，前者显著大于后者（Mann-Whitney $U$ = 14371.5，$P$ = 0.001）。

### 4.3.2 普氏原羚和家畜对草地生物量的选择

在普氏原羚分布区中，调查人员共记录到 682 堆普氏原羚粪便和 894 群家畜（春季），500 堆普氏原羚粪便和 101 群家畜（夏季）。对于春季数据，生成 682 个随机点用于显示草地生物量的本底情况，对于夏季数据则生成 500 个随机点。三组位点的 EVI 值比较结果显示（图 4-3），不管是春季（0.145±0.002 vs. 0.119±0.001；Mann-Whitney $U$ = 210 835，$P$ < 0.001）还是夏季（0.258±0.009 vs. 0.231± 0.003；Mann-Whitney $U$ = 20 363，$P$ = 0.002），家畜所在位点的 EVI 值高于随机点；而不论是春季（0.115±0.001；Mann-Whitney $U$ = 231 225，$P$ = 0.854）还是夏季（0.224±0.003；Mann-Whitney $U$ = 118 490，$P$ = 0.154），普氏原羚粪便位点的 EVI 值与随机点之间没有显著差异。

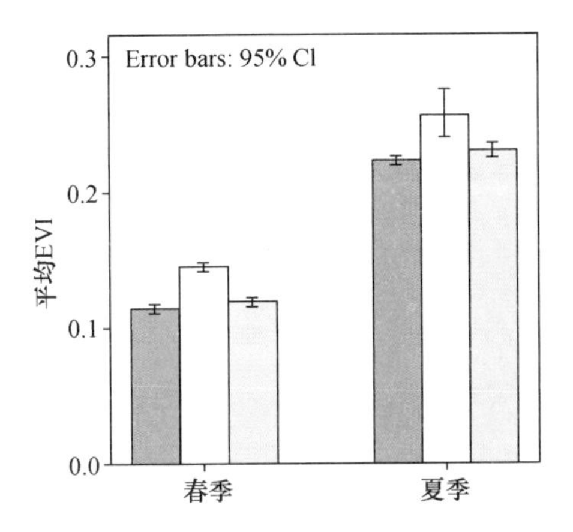


图 4-3　普氏原羚分布区内普氏原羚粪便位点、家畜位点、随机点的 EVI 值之间的比较。图中误差条显示 95% 的置信区间。■ 普氏原羚；□ 家畜；□ 随机点

### 4.3.3　影响普氏原羚空间分布的因素

表 4-4 中列出了所有 $\Delta AIC \leqslant 2$ 的所有模型，这些模型的 $\omega_i$ 之和分别为0.5（春季）和 0.32（夏季），Akaike 比重不高，因此我们进行了模型平均。Hierarchical partitioning 分析显示，除了空间自相关量之外，在两个季节都有三个自变量对解释样线上有无普氏原羚粪便有着显著贡献：春季为 BAR、FEN、HOU；夏季为 FEN、EVI、BAR（表 4-5）。模型平均之后得到每个自变量的回归系数（表 4-6），显示在两个季节围栏密度（FEN）和带刺围栏比例（BAR）对于样线上存在普氏原羚粪便都有负面影响。另外在春季，样线上存在普氏原羚的可能性与离房屋距离（HOU）成正相关，即距离房屋越远，样线上出现普氏原羚粪便的可能性越高；而在夏季，样线上存在普氏原羚粪便的可能性与草地生物量（EVI）成负相关，也即生物量越高，出现普氏原羚的可能性越小。两个季节的逻辑斯蒂回归方程的表达式分别为：

春季：$Y = -3.195 + 6.542 * AC - 0.936 * BAR - 0.141 * FEN + 0.180 * HOU$

夏季：$Y = -2.505 + 4.794 * AC - 0.203 * FEN - 0.304 * EVI - 0.795 * BAR$

样线上出现普氏原羚粪便的可能性 $= \dfrac{\exp(Y)}{1+\exp(Y)}$。

两个回归模型的 AUC 分别为 $0.801 \pm 0.020$（春季）和 $0.776 \pm 0.024$（夏

季），表明约80%的情况下这两个模型都能够准确区分样线上是否出现普氏原羚粪便。

**表 4-4　预测样线上有无普氏原羚分布的逻辑斯蒂回归模型**

| 季节 | 自变量 | $n$ Par | loglik | AIC | AIC | $\omega_i$ |
|---|---|---|---|---|---|---|
| 春季 | AC，BAR，FEN，HOU | 5 | −288.19 | 586.39 | 0 | 0.06 |
| | AC，BAR，FEN | 4 | −289.29 | 586.58 | 0.19 | 0.06 |
| | AC，BAR，FEN，HEI，HOU | 6 | −287.43 | 586.86 | 0.47 | 0.05 |
| | AC，BAR，DSE，FEN | 5 | −288.51 | 587.02 | 0.63 | 0.05 |
| | AC，BAR，FEN，HEI | 5 | −288.66 | 587.33 | 0.94 | 0.04 |
| | AC，BAR，DSE，FEN，HOU | 6 | −287.68 | 587.36 | 0.98 | 0.04 |
| | AC，BAR，HOU | 4 | −289.68 | 587.37 | 0.98 | 0.04 |
| | AC，BAR，DSE，FEN，HEI | 6 | −287.94 | 587.89 | 1.5 | 0.03 |
| | AC，BAR，ELE，FEN，HOU | 6 | −287.97 | 587.94 | 1.55 | 0.03 |
| | AC，BAR，DSE，FEN，HEI，HOU | 7 | −286.98 | 587.97 | 1.58 | 0.03 |
| | AC，BAR，ELE，FEN | 5 | −289.1 | 588.21 | 1.82 | 0.03 |
| | AC，BAR，DSE，HOU | 5 | −289.19 | 588.38 | 1.99 | 0.02 |
| | AC，BAR，EVI，FEN，HOU | 6 | −288.19 | 588.39 | 2 | 0.02 |
| 夏季 | AC，BAR，FEN | 4 | −203.93 | 415.85 | 0 | 0.06 |
| | AC，BAR，DSE，FEN | 5 | −203.22 | 416.45 | 0.59 | 0.04 |
| | AC，BAR，EVI，FEN | 5 | −203.28 | 416.56 | 0.71 | 0.04 |
| | AC，BAR，DSE，EVI，FEN | 6 | −202.34 | 416.67 | 0.82 | 0.04 |
| | AC，BAR，FEN，HOU | 5 | −203.49 | 416.98 | 1.13 | 0.03 |
| | AC，BAR，DSE，FEN，HOU | 6 | −202.76 | 417.52 | 1.67 | 0.03 |
| | AC，BAR，ELE，EVI，FEN | 6 | −202.79 | 417.58 | 1.73 | 0.02 |
| | AC，BAR，FEN，HEI | 5 | −203.79 | 417.59 | 1.73 | 0.02 |
| | AC，BAR，DSE，ELE，EVI，FEN | 7 | −201.84 | 417.67 | 1.82 | 0.02 |
| | AC，BAR，ELE，FEN | 5 | −203.84 | 417.67 | 1.82 | 0.02 |

注：$n$ Par，模型中的变量数量；loglik，log-likelihood；AIC，Akaike信息指数；ΔAIC，每个模型的AIC值与最小AIC值的差值；$\omega_i$，Akaike比重。各变量的缩写与表4-2中相同。

表 4-5　分层分区分析结果

| 季节 | 自变量 | 贡献比例 | Z 值 | 显著性 |
| --- | --- | --- | --- | --- |
| 春季 | AC | 63.98 | 90.68 | * |
| | BAR | 4.44 | 5.44 | * |
| | FEN | 3.66 | 4.28 | * |
| | HOU | 2.11 | 2.40 | * |
| | HEI | 0.99 | 0.68 | |
| | EVI | 0.68 | 0.37 | |
| | DSE | 0.53 | 0.11 | |
| | ELE | 0.32 | −0.27 | |
| 夏季 | AC | 24.96 | 33.64 | * |
| | FEN | 6.23 | 8.48 | * |
| | EVI | 4.08 | 4.64 | * |
| | BAR | 2.67 | 2.87 | * |
| | ELE | 1.66 | 1.55 | |
| | DSE | 1.38 | 1.13 | |
| | HEI | 1.33 | 1.08 | |
| | HOU | 1.07 | 0.89 | |

注：各变量的缩写与表 4-2 中相同。

表 4-6　模型平均之后各自变量的回归系数

| 自变量（单位） | 春　季 | | 夏　季 | |
| --- | --- | --- | --- | --- |
| | 回归系数 | 标准误 | 回归系数 | 标准误 |
| 常数项 | −2.749 | 0.388 | −1.846 | 0.623 |
| FEN（*n* /千米） | −0.143 | 0.079 | −0.206 | 0.096 |
| BAR（%） | −0.938 | 0.338 | −0.787 | 0.395 |
| HEI（米） | 0.265 | 0.341 | 0.032 | 0.409 |
| EVI（0.1） | −0.086 | 0.369 | −0.263 | 0.212 |
| DSE（100 DSE / 平方千米） | −0.030 | 0.029 | −0.135 | 0.118 |
| HOU（千米） | 0.179 | 0.115 | 0.151 | 0.176 |
| AC | 6.516 | 0.666 | 4.838 | 0.762 |

注：各变量的缩写与表 4-2 中相同。

### 4.3.4 种群参数与环境因子之间的关系

表4-7列出了各分布小区内的普氏原羚在2008年年底的种群密度和2009年夏季的幼仔出生率、秋季3月龄幼仔死亡率以及各环境因子的平均值。相关分析显示，种群密度、种群出生率与所有环境因子的相关性都不显著；幼仔死亡率与围栏密度显著正相关（Spearman's rho = 0.782，$n = 7$，$P < 0.05$），与其他因素的相关性不显著。

**表4-7 各小种群的种群参数及各分布小区内的环境参数**

| 编号 | 位置 | 种群密度/(只·平方千米$^{-1}$) | 出生率 | 死亡率 | 围栏密度/($n$·千米$^{-1}$) | EVI | | 家畜密度/(DSE·平方千米$^{-1}$) | |
|---|---|---|---|---|---|---|---|---|---|
| | | | | | | 春季 | 夏季 | 春季 | 夏季 |
| 1 | 天峻 TJ | 2.6 | 0.52 | 0.10 | 0.9±0.1 | 0.120±0.001 | 0.285±0.005 | 93.0±25.3 | 29.4±28.6 |
| B1 | 哈尔盖-甘子河_北 HG_n | 3.6 | 0.4 | 0.35 | 3.0±0.3 | 0.127±0.003 | 0.263±0.008 | 271.9±52.9 | 3.9±1.5 |
| B2 | 哈尔盖-甘子河_南 HG_s | 2.2 | 0.4 | 0.23 | 1.8±0.1 | 0.127±0.004 | 0.319±0.011 | 391.0±49.1 | 21.8±8.5 |
| B4 | 塔勒宣果 TLXG | 1.4 | 0.51 | 0.18 | 2.3±0.3 | 0.141±0.003 | 0.332±0.009 | 262.7±39.0 | 42.5±15.5 |
| C1 | 沙岛 SD | 3.2 | 0.61 | 0.48 | 2.9±0.3 | 0.114±0.003 | 0.210±0.007 | 121.3±26.5 | 38.7±16.8 |
| C3 | 湖东 HD | 1.7 | 0.28 | 0.11 | 1.7±0.2 | 0.116±0.005 | 0.197±0.014 | 91.9±24.9 | 10.4±7.7 |
| C4 | 元者 YZ | 1.7 | 0.31 | 0.23 | 4.8±0.4 | 0.181±0.001 | 0.310±0.012 | 336.0±57.2 | 26.7±19.1 |
| 6 | 哇玉 WY | 1.0 | 0.5 | — | 0.6±0.1 | 0.087±0.001 | 0.148±0.003 | 76.3±15.8 | 76.2±23.3 |

注：种群编号与表4-1相对应。

## 4.4 讨论

### 4.4.1 影响普氏原羚空间分布的因素

生物量是食草动物食物丰富程度的一个指标，一般来说高生物量草地意味着更加充足的食物（Coe，et al，1976；East，1984；Oesterheld，et al，1992）。但生物量高的草地质量可能受限制，因为成熟植物的可消化性较低（Fryxell，1991；Wilmshurst，et al，1999；Bergman，et al，2001），或者植物组织中的粗蛋白含量较低（Kawamura，2005b）。因此，有研究表明，有蹄类动物，如美洲赤鹿（*Cervus elaphus*）和蒙古原羚，都会选择中等生物量的草地取食，以便在食物数量和质量之间取得平衡，以实现能量摄入的最大化（Wilmshurst，et al，1999；Mueller，et al，2008）。但是，当植被生物量处于低水平时，北极的驯鹿（*Rangifer tarandus platyrhynchus*）会选择采食高生物量的植物以增加氮和能量的摄入（Van der Wal，et al，2000）；在印度边界的喜马拉雅山地，岩羊（*Pseudois nayaur*）在高生物量草地上的密度比在低生物量区域高出 3 倍（Mishra，2004）。考虑到青藏高原整体植被生物量较低（Mishra，2001），并且与普氏原羚食性重叠程度为 81% 的家畜（Liu，Jiang，2004）在春季和夏季都选择高生物量的草地，我们推测普氏原羚同样会选择高生物量的草地。但是，从普氏原羚粪便位点与随机点 EVI 的比较结果来看，普氏原羚对于高生物量草地没有选择性，甚至在食物比较缺乏的春季都是如此。另外，我们还发现不管是春季还是夏季，非分布区的平均草地生物量高于普氏原羚分布区。这也说明与草地生物量相关的某些环境因子可能减少了普氏原羚对于高生物量草地的选择性。

除了较低的草地生物量，本研究结果显示，普氏原羚分布区相比于非分布区具有较低的围栏密度和高度，并且距离牧民房屋较远。因此，围栏和人类活动可能影响了普氏原羚的分布并减少了它们对于高生物量草地的选择性。逻辑斯蒂回归分析结果显示，在控制其他环境因素的情况下，围栏在两个季节都对普氏原羚的空间分布具有负面的影响，而人类活动只在春季有负面影响。同时，EVI 与围栏（包括密度、高度、带刺围栏的比例）以及与房屋的距离都成正相关（表4-3），说明围栏和人类活动对于普氏原羚在空间上的限制影响了普氏原羚对于高生物量草地的获得。两个季节的最佳回归方程都不包括家畜密度，说明家畜不是限制普氏原羚获得高生物量草地的因素。

我们的研究结果显示，围栏密度对于普氏原羚的空间分布具有负面影响，这与对北美叉角羚的研究结果类似：叉角羚在其家域范围内会回避使用围栏密度高的区域（Sheldon，2005）。青藏高原上另一种羚羊——藏羚羊（*Pantholops hodgsoni*）非常不擅长越过障碍物（Fox，Dorji，2009），但根据我们的观察和相关文献（例如，Sheldon，2005；Harrington，Conover，2006；Karhu，Anderson，2006），普氏原羚和藏羚羊不同，它们能够从围栏上部一跃而过，因而单一一道围栏对它们来说可能不是障碍。但跳跃会消耗能量，某地区围栏密度越高，普氏原羚在同样的距离内消耗的能量越高。因此，虽然在我们的研究区域内，围栏密度越高的地方草地生物量也越高（表4-3），普氏原羚可能会在高生物量与高能量消耗之间寻找一个平衡，以获得最大的能量摄入。同时，与叉角羚、马鹿（*Cervus elaphus*）和黑尾鹿（*Odocoileus hemionus*）（Harrington，Conover，2006）类似，我们在调查中也发现了在围栏上受伤甚至死亡的普氏原羚个体。每一道围栏对于普氏原羚而言都是潜在的威胁，当围栏密度增加时，普氏原羚移动同样长度的距离所面临的危险就增加，因为需要跨越的围栏越多，受伤的可能性越高。正如Harrington，Conover（2006）的研究显示，因为黑尾鹿更加频繁地跨越围栏，它们在围栏上的死亡率高于叉角羚和马鹿。所以如果普氏原羚为减少受伤的可能性而避开高围栏密度的区域，它们对于高生物量的草地的获得也因而减少。围栏顶部的刺丝给普氏原羚增加了额外的限制，因为刺丝会增加有蹄类动物在围栏上的死亡率（Harrington，Conover，2006）。围栏的这种阻隔作用相当于减小了分布区的面积，并且普氏原羚因此失去的还是高生物量的较好的栖息地。

密集的围栏和刺丝的使用不仅限制了普氏原羚对于高生物量草地的获得，还增加了普氏原羚栖息地的破碎化。栖息地破碎化本身就会造成环境承载力的降低，加上栖息地的丧失，普氏原羚种群受到的影响更大。同时，因为有蹄类动物在低生物量水平的草地上繁殖力较低（Mishra，et al，2004），普氏原羚种群的恢复速度也会受围栏影响而降低。

虽然围栏高度不包括在两个季节的最佳模型里，但非分布区的平均围栏高度要高于普氏原羚分布区。在叉角羚分布区内，推荐使用的围栏高度为0.91 米。对黑尾鹿和马鹿而言，围栏高度在 1.07 米比较合适。Harrington 和 Conover（2006）的研究显示，综合以上三种动物，合适的围栏高度为 1.08 米。普氏原羚的分布区和非分布内平均围栏高度分别为 0.9 米和 1.0 米，接近于这些推荐的围栏高度，但是普氏原羚体型小于这三种北美的有蹄类。我们认为，青海湖周边地区围栏高度的细微增加都可能会对普氏原羚种群的生存造成负面影响。

本研究中使用到房屋的距离作为人类活动影响强度的一个指标。研究结果显示在春季，普氏原羚倾向于在远离居民点的区域活动，这同其他一些有蹄类动物（包括驯鹿、马鹿、黑尾鹿、蒙古原羚）的研究结论相似（Schultz, Bailey, 1978；Freddy, et al, 1986；Wolfe, et al, 2000；Olson, et al, 2011）。当地牧民在夏季搬到远离普氏原羚分布区的夏季牧场放牧，研究结果显示该季节内房屋距离对于普氏原羚分布没有显著影响。换言之，与春季相比，普氏原羚在夏季移动到更加靠近房屋的区域活动。这也说明是人类活动，而非房屋本身对普氏原羚的空间分布产生负面影响。此外，我们还发现距离房屋越近，草地生物量越高。因此人类活动减少了普氏原羚在食物相对稀缺的季节（10 月至次年 5 月）对于高生物量草地的获得，这成为除围栏之外影响普氏原羚食物获取的另一个因素。

### 4.4.2　围栏对普氏原羚种群参数的影响

理论上，当种群增长达到环境容纳量时，种群的出生率和死亡率趋向一致，种群数量保持平衡（Huisman, 1997）。因为围栏的建造并不是在近期发生的，围栏的阻隔作用至少已经持续了 10 年，所以除非气候发生剧烈变化（例如雪灾、极度干旱等），由于围栏阻隔造成的食物减少程度不至于大到影响目前母原羚的身体状况，进而降低幼仔的出生率。相关分析也证实围栏密度与普氏原羚种群的幼仔出生率之间没有显著的相关性。与其他生活在青藏高原上的有蹄类相比，普氏原羚的出生率并不低（Schaller, 1998）。那么，如果种群没有表现出明显的增长，死亡率就不会太低，并且可能是影响种群

奚志农 / 野性中国

增长的关键。本研究结果显示，围栏密度与3月龄幼仔的死亡率显著正相关。这种相关性可能是由于围栏直接造成幼仔死亡，也可能是由于另外的与围栏密度相关的因素增加了幼仔的死亡率，从而间接地使围栏与死亡率之间呈现正相关。对于普氏原羚来说，夏季是压力较小的时期，草地生物量、家畜和人为活动对于普氏原羚幼仔死亡率的影响可能较小。我们的数据也证实：夏季EVI值、家畜密度与幼仔死亡率之间不存在相关性。在排除了草地生物量和家畜密度后，仍可能在分布小区之间存在差异且可能影响幼仔死亡率的因素还有狼的捕食。但如果狼的捕食与围栏密度之间存在正相关，不管是因为高围栏密度区域狼本身密度高还是狼的捕食率高，这最终反映的都是围栏的影响。这说明围栏不仅限制了普氏原羚种群的增长上限，也使种群恢复的速度降低，减缓了增长的过程。

### 4.4.3 保护启示

目前围栏是中国草原管理的一个重要政策（农业部，2010），我们在随后的2010年和2011年在同一区域进行的补充调查也发现，普氏原羚栖息地上的围栏密度不降反增。为促进普氏原羚种群的恢复，需要停止在青海湖周边地区建造新的围栏，同时对于可能的替代方案进行控制实验以检验其有效性。只有当人类活动不站在野生动物生存的直接对立面时，普氏原羚才可能和人类在这一区域和平共处。而目前，该地区内不管是普氏原羚分布区还是非分布区，从牧民到政府主管部门，都把重心放在生产更多的家畜上。我们建议，在普氏原羚分布区内调整各事物的优先等级，减少围栏刺丝、降低围栏密度，以增加普氏原羚对于高生物量草地的获得。因为拆除围栏和刺丝可能造成当地牧民之间的矛盾，并且需要花费不少人力、物力，我们提供另外三种可能的解决方案：

① 把围栏顶部的刺丝下移。这样既可以减少其对普氏原羚的伤害，又可同时保有围栏对牦牛的阻挡作用。

② 增加围栏上的季节性通道的使用。在围栏上建造更多的门，并在大部分家畜转移至夏季牧场时打开，既可以减少围栏对于普氏原羚幼仔的伤害，也不会引起牧民间因家畜和草地管理混乱而造成的矛盾。

③ 建造所谓“羚羊通道”（图 4-4）（Mapston,et al，1970；Gross，et al，1983）。围栏上开一道门，地上挖一方形坑，其上铺设木条（棱边向上）。家畜不善跳跃，不会使用这样的通道，而普氏原羚则能一跃而过。至于门的宽度、坑的大小等参数，需要进行控制实验来确定。

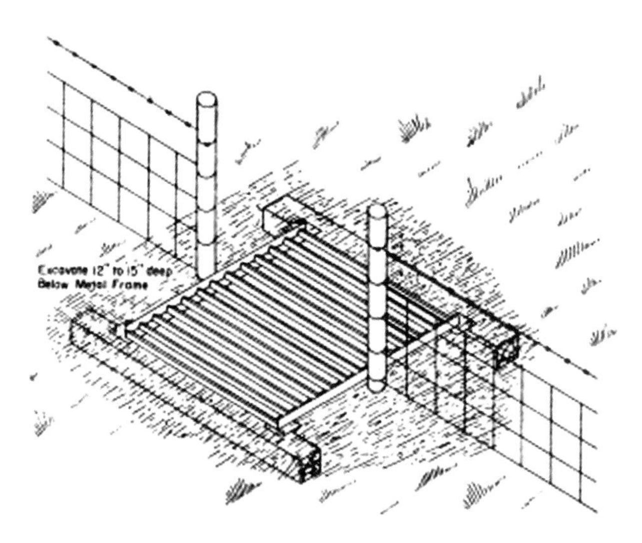


图 4-4　羚羊通道示意图（引自 Mapston，et al，1970）

第五章

# 围栏对于草地管理的作用

很明显，围栏对于野生动物的生存存在负面的影响，无论我们对普氏原羚的研究，还是世界上其他区域基于野生动物管理的长期深入的研究，都说明了这一点。同时，草场管理和畜牧业发展的需求是围栏的产生和扩展的根源，而青海湖地区除了担负生物多样性保护等生态功能以外，还必须承载当地经济发展的功能。了解围栏对畜牧业和草地管理的作用，才能在兼顾野生动物保护和当地牧民的利益的同时，更好地就围栏的改造给出合理的建议。

刘佳子　摄

# 5.1 背景

## 5.1.1 草地评价指标

评价草地质量的指标包括地上生物量、植被组成、植被高度、植被盖度等。草地生物量决定了草地承载力，也是制定草地政策的根据。对于食草动物来说，植被生物量是栖息地质量的一个重要指标（Frank，McNaughton，1992）。通过收割法测量草地生物量是常用的传统方法（Singh，et al，1975；Lauenroth，et al，1986），但该方法需要大量的人力投入，不利于在大范围上的操作；同时，如果没有很好的调查设计和持续投入，很难在一个较长的时间尺度上监测草地生物量的变化（Jobbágy，et al，2002）。卫星遥感技术能够提供高时间分辨率的大范围地面信息，而且从遥感影像数据计算所得的植被指数与植被生物量之间存在线性关系或指数关系（Tucker，Sellers，1986；Paruelo，et al，1997），使用植被指数作为草地生物量的指标能够很好地弥补收割法在时间连续性和空间规模上的不足。

美国国家航空航天局的 Terra 卫星上加载的传感器“中分辨率成像光谱仪”（MODIS）提供了两种植被指数：归一化植被指数（NDVI）和增强型植被指数（EVI），两者都被广泛地用于衡量植被生物量（例如，Kawamura，et al，2005a；Hassan，et al，2007；Sims，et al，2008）。两种植被指数的表达式分别为

$$\mathrm{NDVI}=\frac{\rho_{\mathrm{NIR}}-\rho_{\mathrm{red}}}{\rho_{\mathrm{NIR}}+\rho_{\mathrm{red}}} \tag{5-1}$$

$$\mathrm{EVI}=G\frac{\rho_{\mathrm{NIR}}-\rho_{\mathrm{red}}}{\rho_{\mathrm{NIR}}+C_1\rho_{\mathrm{red}}-C_2\rho_{\mathrm{blue}}+L} \tag{5-2}$$

式中，$\rho_{\mathrm{NIR}}$，$\rho_{\mathrm{red}}$和$\rho_{\mathrm{blue}}$分别为 MODIS 的近红外、红光和蓝光波段光谱反射率；$G$、$L$ 为参数，其值分别为 2.5、1；$C_1$ 和 $C_2$ 分别为红光和蓝光的大气修正系数，一般取 6.0 和 7.5。NDVI 在植被生物量高的时候容易饱和，并且容易受不同背景信息的影响，而 EVI 对于高植被生物量的展示性更好（Huete，et al，2002）。Rahman 等（2005）发现对于多样的植被类型，EVI 与

多种类型植被的相关性都要好于 NDVI。因此，本研究中选择 EVI 作为草地生物量的指标。

### 5.1.2　围栏对草地管理的作用

由前面的分析结果可知，草地围栏对于濒危物种普氏原羚的生存有着显著的负面影响。但对于当地牧民和政府主管部门来说，建造围栏的目的在于更好地管理草场和家畜，在产出更多家畜的同时维持草场的高生产力。那么围栏是否起到了人们预期的效用呢？针对这一问题，研究者之间也存在着争议。

这里需要明确的是，草地围栏按作用分为两种不同的类型：一种是牧民用以圈出自家草场以及在草场内划分出更细致的使用斑块所用的围栏（类型一），这些围栏的作用是将家畜围在里边；另一种是在退牧还草等环保工程涉及草场的周围建立的围栏（类型二），这些围栏的作用是将家畜排除在外。在青海湖周边地区，类型一围栏的数量远高于类型二围栏，虽然两者在形态上并没有区别。

对于类型一围栏，有研究者认为，因为牲畜被限制在固定面积的草场内放牧，在相同的地方连续啃食草场，草场没有机会休息恢复，是造成草场退化的主要原因（敖仁其，等，2004），形成所谓“分布型”过牧（张倩，李文军，2008）。Humphrey，Sneath（1999）比较了蒙古国、中国的新疆和内蒙古、俄罗斯的布里亚特和图瓦共和国的放牧制度变化，认为草场退化的主要原因是畜草双承包责任制实施后移动性的减少，而不是过牧。对于类型二围栏，杨刚等（2003）报道围栏封育 1.5 年时间后：植物种类没有发生大的变化，但围栏内牧草产量、总盖度、高度、频度、密度都有所增加，并且在封育条件下禾本科牧草比其他科牧草恢复和生长更快。从农业部《2009 年全国草原监测报告》来看，我国草地的情况多年来一直呈现“点上好转，面上退化，局部改善，总体恶化”的态势。对于这个“局部改善”，可能是类型二围栏的贡献——“草原围栏、补播改良等工程措施效果明显，工程区内植被逐步恢复，生态环境明显改善”，“与非工程区相比，草原植被盖度平均提高 12%，高度平均提高 41.8%，鲜草产量平均提高 50.5%，可食鲜草产量平均提高 56.6%。”（农业部，2010）围封的草地内没有家畜取食，能够比放牧区域拥有更高的生物量，但这样的作用只能在局部地区实现。而对于在数量上占绝大多数的类型一围栏的功能，目前尚缺乏针对性的研究。

由前一章的表4-3可知不管是在春季还是在夏季，围栏密度与EVI显著正相关。这表明在青海湖周边地区存在一个现象，即围栏多、草地好。这个现象可以解读为人们趋向于在好的草地上建造更多的围栏，也可以解读为因为建造了围栏，草地质量变好。为区别这两种可能性，本研究以EVI数据作为草地生物量的指标，比较不同围栏密度区域草地的现状和10年间的变化状况，进而探讨围栏对于草地管理的作用。

## 5.2 方法

### 5.2.1 调查区域

关于围栏的调查区域同4.2.1。

### 5.2.2 数据收集

(1) EVI数据的获得

编号为h25v05和h26v06的2景MODIS 16天复合EVI数据（精度为250米）覆盖了整个调查区域，我们从NASA的网站上（https://lpdaac.usgs.gov/lpdaac/get_data/data_pool）下载了自2000年2月18日至2010年1月3日10年间共454景EVI数据（h25v05和h26v06各227景）。

(2) 围栏数据的获得

围栏数据获取方式同4.2.2中平行样线的调查。

(3) 牧户访谈

调查人员在普氏原羚分布区周边的四个社区——元者、湖东种羊场、甘子河乡的达玉村、天峻的快尔玛——开展了牧户调查，每个社区抽取10户，采用半结构式访谈。调查人员尽量选择每户的户主进行访谈（户主一般为男性)。因大部分当地居民为藏族，调查过程中聘请当地的一位藏族朋友为调查人员进行翻译。访谈的内容包括：围栏的修建历史、投入资金、牧民对围栏的态度（包括围栏有没有达到预期的效果，愿不愿意拆除围栏)；家畜的数量和年际变化、牧场的分布和转场的规律、家畜的健康状况以及是否有野生动物捕食家畜；对社区周边普氏原羚种群状况的认识和态度。访谈分别于2008年7—8月及2009年11月进行。

### 5.2.3　数据分析

(1) 围栏和家畜的现状及历史变化

参见4.2.3可知目前青海湖周边地区围栏和家畜的密度。统计牧户访谈的结果可得草地围栏和家畜密度在2000至2009的10年间大致的变化状况。另从《青海省统计年鉴》摘取研究区域所在的海北州家畜数量在这10年间的统计数据。

(2) 草地生物量的变化

提取2000—2009年每年植被生长期8个时相的EVI最大值，即夏初到秋末8个连续时相的16天合成植被指数数据，时间序列从5月25（24）日到9月29（28）日，基本上覆盖了6—9月4个月共128天的时段。将10年中每个1000米×1000米栅格的平均EVI值进行线性回归（$\alpha=0.05$），提取回归方程的斜率。如果斜率为负，并且检验结果显著，则认为该点在10年中的EVI最大值呈现出显著下降的趋势，对应着植被生物量明显减少；相应的，如果斜率为正且检验结果显著，对应着植被生物量的明显增加；如果斜率的显著性检验结果不显著，则对应着植被指数变化不明显。在本研究中，将围栏密度（*n*/千米）分成了两个等级：低于所有栅格平均围栏密度的为低，高于平均密度的为高。使用Mann-Whitney *U*检验比较两个围栏密度等级的栅格，这10年中前3年（2000—2002年）平均EVI值之间是否存在差异，以及后3年(2007—2009年）的平均EVI值之间是否存在差异。使用卡方检验比较两个围栏密度等级的栅格中EVI显著变化的栅格的比例是否存在差异。

## 5.3　结果

### 5.3.1　访谈信息

2008年7月在普氏原羚分布区周边收集到24份访谈，当被问及“近10

年来家畜数量变化”时，有22户回答了此问题：回答差不多的有13户，减少的有6户，增加的仅3户。

2009年11月在普氏原羚分布区周边的5个社区收集到46份访谈信息，其中44个被访者是男性。大部分被访者的年龄在20～50岁之间。所有被访者都是藏族。在这46位被访者中，有43位表示围栏能有效地管理家畜的活动范围，因而可减少邻里间矛盾。只有1位被访者表示围栏的作用不大，因为他的围栏质量很差，但又没有钱去修理或新建更好的围栏。当被问及是否愿意拆除围栏时，19人中有12人表示不愿意，另外6人表示他们的草场在普氏原羚社区保护项目范围内，围栏刺丝已经拆除，仅1人表示不管有没有保护项目都愿意拆除围栏刺丝。

围栏的建造时间基本在1990—2000年期间，46户里只有5户表示围栏是在2001年后建的。另外41户中只有11户表示2001年后有新增围栏，其中7户是在2008和2009年增加的。

这46个家庭的平均草场面积为0.95平方千米，平均围栏长度为6300米，平均家畜数量为380个绵羊单位（DSE）。所有家庭都有冬草场和夏草场，基本上6、7、8三个月在夏草场放牧，12月至次年5月在冬草场放牧；9月至11月放牧地点差异较大，部分家庭需要租赁草场，其他则在冬草场放牧。

46个家庭中只有10户在冬天时不需要购买饲草，这10户中还有3户需要租赁草场，仅有7户的草场足以维持家畜的生存，占总数的15%。需要购买干草或租赁草场的家庭在5个区域中的比例大致为：天峻为66%，哈尔盖-甘子河_北为70%，哈尔盖-甘子河_南为100%，湖东为100%，元者为80%。

### 5.3.2 围栏和家畜的现状及历史变化

在围栏密度的调查中可知，普氏原羚分布区内平均围栏密度为（$2.9\pm0.2n$）/千米（$n=231$），非分布区内的平均围栏密度为（$3.1\pm0.1n$）/千米（$n=157$）。以每千米样线3道围栏为限划分围栏密度的高低，大于$3n$/千米的为高围栏密度栅格，小于等于$3n$/千米的为低围栏密度栅格。研究区域内共有810个1平方千米的调查栅格，自2000年至2009年EVI数据可用的有600个栅格。在这600个栅格中，高围栏密度的栅格有93个，占总体的

15.5%；低围栏密度的栅格有507个，占总体的84.5%。

由之前的访谈信息可知，89%的牧户在2001年之前已建好围栏，90%的牧户在2001年至2008年间没有新建围栏。因此我们认为，本研究针对的青海湖周边地区的围栏密度，在2000年至2009年的10年间没有显著变化。同样由访谈信息可知，86%的牧户所养的家畜数量在这10年间没有增加，其中有27%的牧户所养家畜的数量甚至在减少。而从《青海省统计年鉴》海北州家畜数量的统计来看，牛的数量一直保持稳定，绵羊数量在2003年至2004年间突然增加，之后又一直保持稳定（图5-1）。鉴于统计年鉴反映的是大尺度上的情况，仅有参考意义，所以仍以访谈结果为主。我们认为2009年调查得到的家畜数量基本可以代表这10年来普氏原羚分布区的家畜承载量。

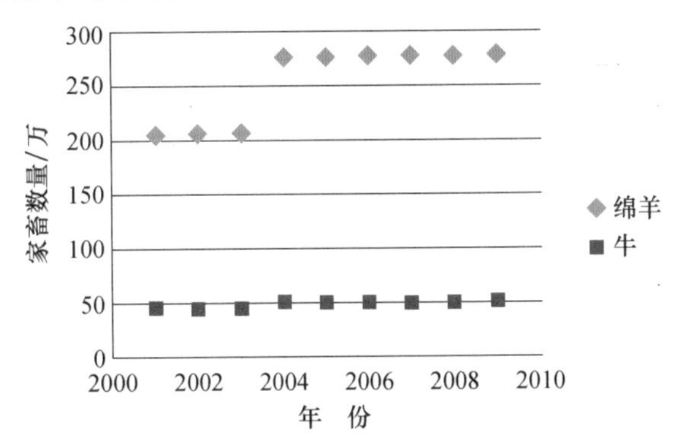


图5-1 青海省海北州家畜的历史变化（2001—2009）
（《青海省统计年鉴》，2010）

### 5.3.3 草地生物量的变化和围栏、家畜的影响

在进行10年间草地生物量变化比较的600个1000米×1000米栅格中，548个栅格没有显著变化，占总数的91.3%；只有25个栅格生物量显著降低，占总数的4.2%；另有27个栅格生物量显著增加，占总数的4.5%。发生明显变化的栅格主要集中在青海湖东部和北部地区，天峻和哇玉分别只有1个显著变化的栅格（图5-2）。

高围栏密度的栅格在2000—2002年间的平均EVI高于低密度的栅格（Mann-Whitney $U=18812.5$，$n_1=93$，$n_2=507$，$P<0.01$）；同样的，2007—2009年的平均EVI在高围栏密度区也大于低围栏密度区（Mann-Whitney $U=19609.5$，$n_1=93$，$n_2=507$，$P=0.01$）（表5-1）。

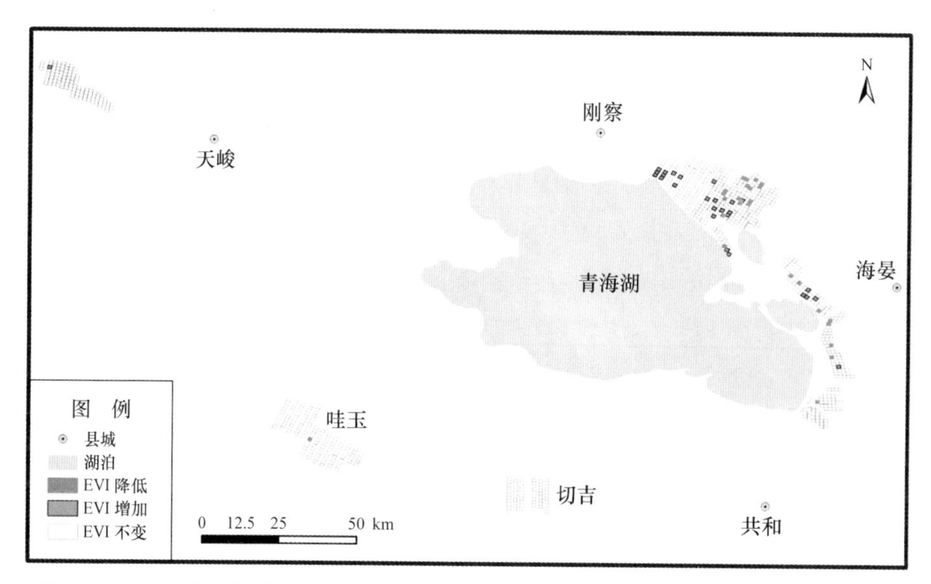


图 5-2 EVI 显著变化的栅格的空间分布。变化集中在青海湖周边地区，天峻、哇玉和切吉基本没有显著变化的栅格

**表 5-1 普氏原羚分布区内不同围栏密度区域 10 年中前三年和后三年的平均 EVI**

| | 2000—2002 年 | | 2007—2009 年 | |
|---|---|---|---|---|
| | 平均 EVI | 95% CI | 平均 EVI | 95% CI |
| 低围栏密度区域 | 0.216 | 0.209～0.223 | 0.218 | 0.211～0.225 |
| 高围栏密度区域 | 0.246 | 0.227～0.266 | 0.243 | 0.225～0.262 |

在不同围栏密度的两组栅格内生物量变化情况如表 5-2 所示。高围栏密度和低围栏密度区域之间，生物量降低的栅格比例差异不显著（$\chi^2=0.368$，$P=0.544$），生物量增加的栅格比例差异不显著（$\chi^2=0.180$，$P=0.671$），生物量不变的栅格比例差异亦不显著（$\chi^2=0.050$，$P=0.823$）。

**表 5-2 普氏原羚分布区内不同围栏密度区域在 2000—2009 年间草地生物量的变化**

| 取样单元 | 围栏密度 | 栅格总数 | EVI 降低的栅格数 | EVI 增加的栅格数 | EVI 不变的栅格数 |
|---|---|---|---|---|---|
| 1000 米 × 1000 米栅格 | 低 | 507 | 20 | 22 | 465 |
| | 高 | 93 | 5 | 5 | 83 |

## 5.4 讨论

### 5.4.1 围栏对于草地管理的作用

围栏的作用在于更好地管理草场和家畜，在维持草场质量的同时提高家畜的生产能力。我们比较了 10 年间前三年（2000—2002 年）和后三年（2007—2009 年）的平均 EVI，发现高围栏密度区域与低围栏密度区域的草地生物量差异在前三年就很明显。另外，不管围栏密度如何，调查区域内大部分 1000 米 × 1000 米栅格在 10 年间 EVI 没有显著变化。一小部分 EVI 变化的栅格，在高围栏密度和低围栏密度区域内所占的比例没有显著差异。这就说明，人们趋向于在生物量高的草地周围建造更多的围栏，并不是因为建造了围栏，草地才变好了。高密度的围栏并没有提高 EVI 增加的栅格比例，没有起到促进草地恢复的作用；但是，高密度的围栏同样没有提高 EVI 降低的栅格的比例，即没有引起所谓的“分布型”过牧，所以在后三年的平均 EVI 比较中，高围栏密度区域的生物量依然高于低围栏密度区域。

青海湖周边地区大部分草地没有发生显著的生物量下降，说明这个区域的载畜量处于一个相对合理的状态。而高密度的围栏和低密度的围栏在草地管理上所起的作用没有显著差异，围栏在这十年中既没有加速草地的退化，也没有促进草地恢复。鉴于建造和维护围栏需要大量资金和时间，我们认为在这个地区大力增加围栏密度是没有必要的。

根据农业部《全国草原保护建设利用总体规划》，对于青藏高寒草原区，以修复草原生态系统、恢复草原植被、保护生物多样性等为主要方向，重点实施退牧还草、草原自然保护区建设等工程，要求“到 2020 年，累计草原围栏面积达到 6000 万公顷”，围栏建设也是评价草原保护建设工作的一个指标。但从本研究的结果来看，高密度的围栏并不能促进草原的恢复，单纯强调建设围栏的长度或草原围栏面积并不能达到改善草原植被的目的，而围栏建设和维护需要大量的资金和时间投入，还会造成资金浪费。同时，围栏建设没有考虑野生动物的需求，对诸如普氏原羚这样的濒危动物产生了威胁。而这也与总体规划本身“保护生物多样性”的要求相背离。草原围栏建设宜适量，不宜硬性要求建设一定长度的围栏或围封一定面积的草原，更不宜作为衡量草原保护建设工作的指标。

### 5.4.2 保护启示

第四章的研究显示草原围栏对于普氏原羚的分布和种群恢复都有负面影响，为保护濒危的普氏原羚，在其分布区内减少围栏密度和刺丝使用是非常必要的。而本章的分析结果显示，增加围栏的密度并不能更好地管理草场，促进草地的恢复。因此，普氏原羚保护和草地保护之间并不矛盾，降低普氏原羚分布区内的围栏密度有助于普氏原羚种群的恢复，也不会对草地的维持和恢复产生负面影响。

但是，接受访谈的大部分牧民表示围栏能够很好地管理家畜活动范围，对于减少邻里矛盾非常有效。也就是说，牧民建造围栏的主要目的并不在于更好地管理草地，使之维持较高的生产力，同时产出更多的家畜；而是在于更方便地管理家畜，减少放牧时的人工投入，也减少邻里间的草场纠纷。鉴于大部分牧民认为围栏很有用并不愿意拆除围栏，在做出任何需要改变围栏现状的政策决定之前都需要更多的社区工作。一个可能的解决途径是鼓励小组形式的牧户联合经营（敖仁其，2001；杨理，2007；曹建军，等，2009；李文军，张倩，2009），即几个家庭（邻居或是亲戚朋友）共用草场，联合放牧。这样可以拆除小组内部各家草场边界的围栏，降低围栏的密度，同时又不产生邻里矛盾。

第六章

# 家畜对普氏原羚生存的影响

普氏原羚与青海湖周边成千上万的家畜共用草场，对于食物的选择也有很大程度的重叠，相互影响是不可避免的。但是考虑到普氏原羚极小的种群数量，它们与众多的家畜相互之间的影响程度必然是很不对等的。评估家畜对普氏原羚的影响程度和影响的方式，是针对普氏原羚的保护中，与畜牧相关政策的关键信息。

张璐　摄

## 6.1 背景

研究家畜对野生动物的影响是野生动物保护的重要内容，受到广泛关注(Prins，1992；Fleichner，1994；Noss，1994；Voeten，1999)。青海湖周边地区家养有蹄类数量巨大，有各类草食牲畜289.6万头（只)，包括绵羊、山羊、牦牛、马、黄牛、驴等，折合为440.69万个绵羊单位（Qi，2009)。在青海湖周边地区，家畜与普氏原羚的数量悬殊且普氏原羚如此濒危的情况下，研究家畜对普氏原羚的影响尤为重要。

生态学中，种间关系可分为六种类型：① 竞争（competition)；② 捕食(predation)；③ 植食（herbivory)；④ 寄生（parasitism)；⑤ 疾病（disease)；⑥ 互利共生（mutualism）(Krebs，2001)。家畜和普氏原羚之间可能出现的关系只有竞争和互利共生。Ven de Koppel在研究非洲稀树草原上不同食草动物种间关系时指出：当草地生物量高时，互利共生是占主导关系的；而当草地生物量低时，竞争则更为明显（Koppel，Prins，1998)。青藏高原整体的草地生物量处于较低的水平（Mishra，2001)，因而家畜和野生有蹄类的关系更可能表现为竞争关系。

竞争分为两种形式：资源（resource）竞争和干扰（interference）竞争(Birch，1957)，另有研究表明通过疾病和寄生虫的传播也可能造成家畜和野生有蹄类之间的竞争（Forsyth，Hickling，1998)。产生资源竞争（也称为scramble competition）的原因，是几个生物体使用相同的且短缺的资源；而产生干扰竞争（也称为contest competition）的原因，则是生物体在使用资源的过程中妨碍了另外的生物体对资源的获得，即使该资源并不短缺。

因为普氏原羚和家畜的食性重叠程度很高——草青期61%，草枯期81%(Liu，Jiang，2004)，形成了两者之间产生资源竞争的前提。在此条件下，如果两者的食物资源是短缺的，那么两者之间就存在资源竞争。如果它们的食物资源并不短缺，则需要评价家畜是否在使用资源的过程中妨碍了普氏原羚对食物的获得，也即普氏原羚是否在行为上回避与家畜的接触。如果普氏原羚和家畜之间存在竞争（不管是资源竞争还是干扰竞争)，并最终反映到普氏原羚的种群状况上，那么可以预测：① 普氏原羚密度会随着家畜密度的增加而降低；② 普氏原羚种群的繁殖力（幼仔/雌性比例）会随着家畜密度的增加而降低。检验以上预测可以从另一个方面回答家畜和普氏原羚之间是否存在竞争。

普氏原羚和家畜的食物资源包括两个方面的指标：一是草地生物量，二是可食草种。本研究中以草地生物量作为食草动物食物资源的指标。

## 6.2　方法

### 6.2.1　调查区域

本研究的调查区域同 4.2.1。

### 6.2.2　野外数据收集

使用 Double-weight sampling 方法（Coulloudon，et al，1999）调查所有普氏原羚分布区的植被状况，确定地上生物量（above-ground vegetation production），以及各种植被组成质量的比重。调查时间为 2008 年 7 月 10 日至 8 月 6 日，草地的生物量基本达到顶峰，调查所得数据可作为 2008 年的最大草地生物量。因为在野外调查受称量设备所限，在具体执行植被调查时对调查方法做了一些改动，具体过程如下：

在分布区内生成 40 个随机点，当调查人员到达随机点时，随机生成样线方向。每条样线长 100 米，在样线上布设 10 个 1 米 × 1 米的样方。随机选择样方开始位点：在 0～9 之间随机选择一个数 $x$，从距开始位点 $x$ 米处开始布设第一个样方，每个样方间隔 10 米。调查每一个样方，估计样方里各植物物种的质量：① 确定每种植物的一个标准单位（weight unit）（可以是一棵植株、一丛植物、一棵植株的部分）；② 选取一个典型的标准单位，剪取并保存；③ 在每一个 1 米 × 1 米的小样方内估计每种植物有多少个标准单位，填写表格；④ 在完成一条样线上的 10 个小样方后，随机选择其中两个，剪取样方内的全部植被（活组织，不包括上一年遗留的干物质），分种类保存。

### 6.2.3 数据分析

在实验室里将所有剪取的植物样品用烘箱在60℃烘干（至少持续24小时），称量干重。以植物的标准单位干重乘以被剪取的两个小样方内该植物的标准单位数，得到小样方内该植物的估计干重；再用剪取的两个小样方内的植物的实际干重除以估计干重，得到实际干重与估计干重的比值（$W_A/W_E$）。用每种植物的标准单位的干重乘以一条样线上所有小样方内标准单位的总数，得到每条样线各种植物的估计干重，再用前面得到的 $W_A/W_E$ 校正，得到每条样线上各种植物的实际干重。计算各种植物的质量百分比，以及一条样线上所有小样方的生物量干重总和。统计所有样方内植被种类和质量，并按质量排序。筛选生物量比重最高的5个科。

将2000—2009年间每个分布区的平均生长期最大EVI值与时间做线性回归分析（$\alpha=0.05$），提取回归方程的斜率。如果斜率为负，并且检验结果显著，则认为该区域在10年中的EVI最大值呈现出显著下降的趋势，对应着植被指数呈明显的下降趋势；相应的，如果斜率显著的大于0，则对应着植被指数呈明显增加的趋势；如果斜率的显著性检验结果不显著，对应着植被指数变化不明显。

因为100米长的样线基本落在一个EVI栅格（250米×250米）里，样线与EVI数据格之间可以一一对应。使用2008年7月11日至26日的EVI数据，在SPSS 15.0里对植被生物量和EVI值做一般线性回归分析，建立回归方程。以7月28日至8月12日的EVI数据代表2009年草地生物量的最高值，计算每个普氏原羚分布区的EVI平均值，并按照EVI与生物量的回归方程换算出每个分布区的平均草地生物量，若回归方程不成立，则使用Yang等（2009）提供的公式：

$$生物量（克/平方米）=334.39\,EVI+10.051$$

由回归方程计算得到每个分布区的平均草地生物量，乘以草地可持续利用的比率（此处取值为0.5）（Holechek，et al，1995；周华坤，等，2004），再除以分布区内的家畜密度，得到每个绵羊单位所能获得的饲草量（千克/DSE）。同家畜相比，普氏原羚的密度太小，可以忽略，因此没有被包括在平均饲草供给的计算中。比较不同的家畜密度的分布区之间草地生物量和平均饲草供给的差异。

按一个绵羊单位每天消耗 1.42 千克干草（俞锡章，等，1982）计算每个区域的理论需草量。因为该地区家畜一般有两个月在夏季牧场放牧，加上转场的过程或在别处租赁草场等可能不在冬草场放牧的天数，这里的实际放牧时间按 9 个月（275 天）计，得到各区域的理论需草量。比较理论需草量和实际产草量之间的差异。

使用在负二项回归分析中使用的春季 653 个栅格，夏季 393 个栅格分析家畜和普氏原羚的共同出现（co-occurrence）模式。首先使用公式 6-1 计算 Checkerboard 指数（Stone，Roberts，1990）：

$$C_{i,j} = (r_i - S)(r_j - S) \tag{6-1}$$

其中，$r_i$ 是有物种 $i$ 出现的栅格数，$r_j$ 是有物种 $j$ 出现的栅格数，$S$ 是两个物种都出现的栅格数。$C_{i,j}$ 是衡量一个物种避免与另一个物种在同一地方出现的指标，$C$ 值越高表示两个物种越倾向于在空间上相互分离。使用 Monte Carlo simulations（Gotelli，2000）模拟两个在研究区域中随机分布的物种之间（即其中一个物种在一个栅格中出现与否独立于另一个物种是否出现）的 $C$ 值（重复模拟 1000 次）。检验实际调查所得 $C$ 值与模拟 $C$ 值之间是否存在显著差异。

## 6.3　结果

### 6.3.1　植被组成和生物量

植被调查共完成 40 条 100 米的样线，400 个 1 米 × 1 米的小样方，其中 80 个小样方内的所有植物被分类剪取、烘干并称重。在样方中共记录到 30 科 82 属共 132 种植物，按单物种质量排序的结果见表 6-1（只列举了前 20 个物种，其余物种情况见本章附表）。其中，禾本科植物的生物量最高，占总质量的 50.5%；其次是菊科和莎草科植物，分别占总质量的 20.3% 和 10.1%；蔷薇科和豆科分列第 4 位和第 5 位，占总质量的 3.53% 和 3.45%。

**表 6-1 在所有小样方中出现的质量最大的前 20 种植物**

（其他物种见本章附表）

| 物种 | 拉丁名 | 质量/克 | 属 | 科 |
|---|---|---|---|---|
| 芨芨草 | *Achnatherum splendens* (Trin.) Nevski | 3892 | 芨芨草属 | 禾本科 |
| 沙蒿 | *Artemisia desertorum* Spreng. var. *desertorum* | 1867 | 蒿属 | 菊科 |
| 青海固沙草 | *Orinus kokonorica* (Hao) Keng | 1821 | 固沙草属 | 禾本科 |
| 针茅 | *Stipa capillata* Linn. | 1107 | 针茅属 | 禾本科 |
| 赖草 | *Leymus secalinus* (Georgi) Tzvel. | 1029 | 赖草属 | 禾本科 |
| 早熟禾 | *Poa annua* L. var. *annua* | 689 | 早熟禾属 | 禾本科 |
| 冰草 | *Agropyron cristatum* (Linn.) Gaertn. var. *cristatum* | 638 | 冰草属 | 禾本科 |
| 圆头蒿 | *Artemisia sphaerocephala* | 582 | 蒿属 | 菊科 |
| 冷蒿 | *Artemisia frigida* Willd var. *frigida* | 569 | 蒿属 | 菊科 |
| 巨序剪股颖 | *Agrostis gigantea* Roth | 447 | 剪股颖属 | 禾本科 |
| 无穗柄薹草苔草 | *Carex ivanoviae* Egorova. | 442 | 苔草属 | 莎草科 |
| 大花蒿草 | *Kobresia macrantha Böcklr* var. *macranth* | 396 | 蒿草属 | 莎草科 |
| 阿尔泰狗娃花 | *Heteropappus altaicus* (Willd.) Novopokr. | 392 | 狗娃花属 | 菊科 |
| 黄缨菊 | *Xanthopappus subacaulis* C. Winkl. | 363 | 黄缨菊属 | 菊科 |
| 西藏蒿草 | *Kobresia tibetica* Maxim. | 363 | 蒿草属 | 莎草科 |
| 楔叶山莓草 | *Sibbaldia cuneata* Hornem. ex Ktze. | 343 | 山莓草属 | 蔷薇科 |
| 银灰旋花 | *Convolvulus ammannii* Desr. | 315 | 旋花属 | 旋花科 |
| 垂穗披碱草 | *Elymus nutans* Griseb. | 289 | 披碱草属 | 禾本科 |
| 西藏点地梅 | *Androsace mariae* Kanitz | 287 | 点地梅属 | 报春花科 |
| 西伯利亚蓼 | *Achnatherum splendens* (Trin.) Nevski | 279 | 蓼属 | 蓼科 |

注：拉丁名参考《中国植物志》。

### 6.3.2 普氏原羚分布区草地生物量的变化和家畜的饲草供给

所有普氏原羚分布区的草地生物量在过去 10 年间（2000—2009 年）都没有显著的变化，所有线性回归方程的 $P$ 值都大于 0.05（表 6-2）。

**表 6-2　普氏原羚分布区生长季草地 EVI 值在 2000—2009 年间的变化**

| 分布区 | 调查面积/平方千米 | 250 米×250 米 EVI 数据格的数量 | 回归系数 | *P* |
|---|---|---|---|---|
| 天峻 | 144 | 2216 | 35.04 | 0.27 |
| 鸟岛 | 16 | 242 | 6.68 | 0.20 |
| 哈尔盖-甘子河_北 | 80 | 1578 | −12.53 | 0.51 |
| 哈尔盖-甘子河_南 | 198 | 4568 | −4.51 | 0.80 |
| 塔勒宣果 | 43 | 938 | 10.58 | 0.69 |
| 沙岛 | 33 | 837 | −0.42 | 0.98 |
| 湖东 | 95 | 1542 | 9.79 | 0.39 |
| 元者 | 48 | 1080 | 40.23 | 0.14 |
| 切吉 | 165 | 2494 | 9.03 | 0.40 |
| 哇玉 | 313 | 4755 | 27.54 | 0.11 |

植被生物量（干重）与 EVI 呈线性关系（图 6-1），回归方程显著（$P<0.001$），可以用此方程将 EVI 值换算成产草量（干重）。在回归过程中去掉了 4 个离群点，其中一个点位于塔勒宣果，两个点位于哈尔盖-甘子河_南，另一个点位于天峻。这 4 个点附近的植被类型都属于沼泽或河边湿地，植被茂盛，因而 EVI 值高。但由于我们的植被样线并没有覆盖湿地，被调查和取样的植被生物量并不能反映该点所在的 EVI 数据格的情况，实际调查所得生物量偏低，因此，将这 4 个点作为离群点去除。

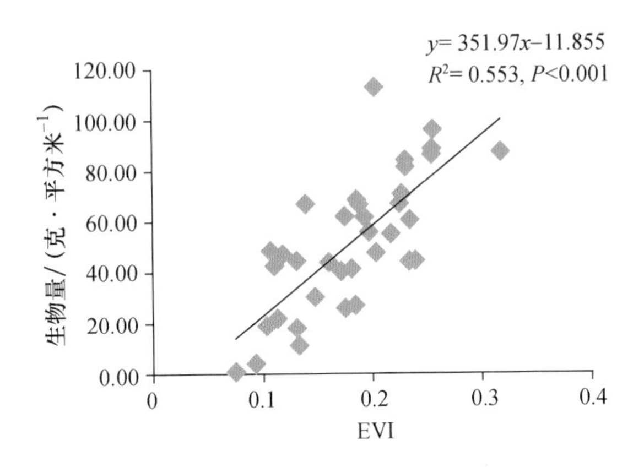


图 6-1　植被生物量（干重）与 EVI 值的关系

不同分布区的饲草供给能力不同（表 6-3）：草地生物量高的分布区家畜密度也高（图 6-2），但是对于家畜和普氏原羚的饲草供给能力反而低（图

6-3)。从理论需草量和实际产草量的对比来看，只有天峻的家畜需草量控制在实际草地生物量的 50% 以内，哈尔盖-甘子河_北、哈尔盖-甘子河_南、元者三个分布小区的家畜需草量都超过了每年草地生物量的最高值（表 6-3)。

**表 6-3　2009 年每个普氏原羚分布区内草场的饲草供给能力，以及草地实际产草量与理论需草量之间的差异**

| 分布区 | 调查面积/平方千米 | 平均EVI | 草地生物量/(千克·平方千米$^{-1}$) | 家畜密度/(DSE·平方千米$^{-1}$) | 饲草供给能力/(千克·DSE$^{-1}$) | 理论需草量/(千克·平方千米$^{-1}$) | 理论需草量/草地生物量 |
|---|---|---|---|---|---|---|---|
| 天峻 | 144 | 0.28 | 86697 | 93 | 466 | 36317 | 0.42 |
| 鸟岛 | 16 | 0.09 | 19822 | — | — | — | |
| 哈尔盖-甘子河_北 | 80 | 0.27 | 83177 | 267 | 156 | 104264 | 1.25 |
| 哈尔盖-甘子河_南 | 198 | 0.31 | 97256 | 394 | 123 | 153857 | 1.58 |
| 塔勒宣果 | 43 | 0.33 | 104295 | 263 | 198 | 102702 | 0.98 |
| 沙岛 | 33 | 0.20 | 58539 | 121 | 242 | 47251 | 0.81 |
| 湖东 | 95 | 0.18 | 51500 | 92 | 280 | 35926 | 0.70 |
| 元者 | 48 | 0.34 | 107815 | 336 | 160 | 131208 | 1.22 |
| 哇玉 | 313 | 0.14 | 37421 | 76 | 246 | 29678 | 0.79 |

注：饲草供给能力以每个绵羊单位能够获得的饲草千克数作为饲草供给能力的指标。
饲草供给能力 = 草地生物量 / 家畜密度。

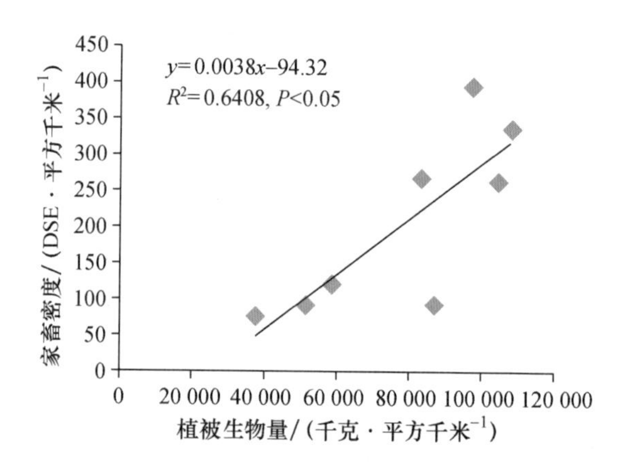


图 6-2　普氏原羚各分布区中草地生物量与家畜密度之间的关系

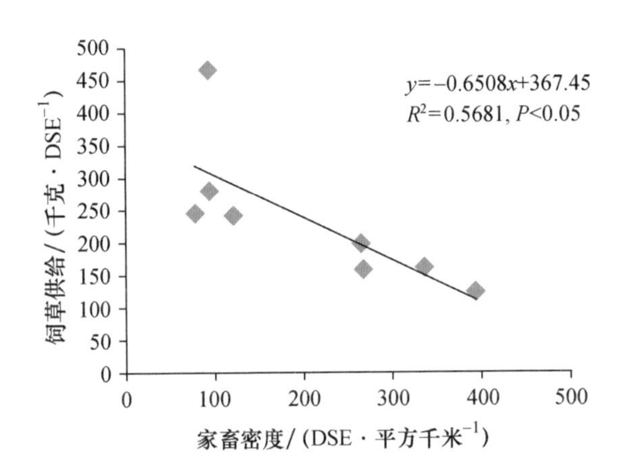


图 6-3　普氏原羚各分布区中饲草供给能力与家畜密度之间的关系

### 6.3.3　家畜和普氏原羚的空间共存

在春季调查所得的 653 个 1000 米 × 1000 米栅格中，160 个有普氏原羚活动，311 个有家畜活动，71 个同时有家畜和普氏原羚活动。计算得到的 $C$ 值为 21 360，显著大于基于 Monte Carlo simulations 给出的随机状态下两个物种之间的 $C$ 值（$t=-25.062$，$P=0.000$）。夏季调查所得的 393 个 1000 米 × 1000 米栅格中，124 个有普氏原羚活动，64 个有家畜活动，11 个同时有家畜和普氏原羚活动。计算得到的 $C$ 值为 5989，显著大于基于 Monte Carlo simulations 给出的随机状态下两个物种之间的 $C$ 值（$t=-60.717$，$P=0.000$）。说明不管是在春季还是夏季，普氏原羚和家畜之间的空间距离大于两者之间没有任何关系的随机分布，两者之间存在空间排斥性。

### 6.3.4　不同家畜密度地区普氏原羚种群的差异

根据表 3-7，家畜密度与普氏原羚密度之间没有显著的相关性(Spearman's rho = 0.143，$P=0.736$)，与普氏原羚幼仔出生率之间没有显著的相关性（Spearman's rho = −0.216，$P=0.608$），与幼仔死亡率之间也没有显著的相关性（Spearman's rho = 0.487，$P=0.268$）。同样的，饲草供给能力与普氏原羚密度之间也没有显著的相关性（Spearman's rho = 0.000，$P=$ 1.000），与出生率之间没有显著的相关性（Spearman's rho = 0.407，$P=$

0.317)，与幼仔死亡率之间也没有显著相关性（Spearman's rho = −0.523，$P$ = 0.229）（表 6-4）。

**表 6-4　各分布区的饲草供给能力和小种群的密度、出生率和三月龄幼仔死亡率**

| 编号 | 分布区 | 种群密度/(只·平方千米$^{-1}$) | 出生率/(%) | 死亡率/(%) | 家畜密度/(DSE·平方千米$^{-1}$) | 饲草供给能力/(千克·DSE$^{-1}$) |
|---|---|---|---|---|---|---|
| 1 | 天峻 TJ | 2.6 | 0.52 | 0.1 | 93 | 466 |
| B1 | 哈尔盖-甘子河_北 HG_n | 3.6 | 0.4 | 0.35 | 267 | 156 |
| B2 | 哈尔盖-甘子河_南 HG_s | 2.2 | 0.4 | 0.23 | 394 | 123 |
| B4 | 塔勒宣果 TLXG | 1.4 | 0.51 | 0.18 | 263 | 198 |
| C1 | 沙岛 SD | 3.2 | 0.61 | 0.48 | 121 | 242 |
| C3 | 湖东 HD | 1.7 | 0.28 | 0.11 | 92 | 280 |
| C4 | 元者 YZ | 1.7 | 0.31 | 0.23 | 336 | 160 |
| 6 | 哇玉 | 1.0 | 0.5 | — | 76 | 246 |

注：种群编号与表 4-1 相对应。

## 6.4　讨论

### 6.4.1　资源竞争

产生资源竞争的两个条件是：① 使用相同的资源；② 资源短缺。普氏原羚和家畜的食物重叠程度从 61% 到 81% 不等（Liu，Jiang，2004），符合资源竞争的第一个条件。那么判断两者是否存在竞争的关键问题在于资源是否短缺。

理论上，当种群数量增长至环境容纳量后，出生率和死亡率趋向一致，种群数量保持平衡（Huisman，1997）。但家畜因为在冬季有饲草补充，其数量往往会超过环境容纳量，这个过程被称为“过牧”（Mishra，2001）。从访谈的结果看，天峻与青海湖边的其他 4 个区域相似，冬季需要购买饲草的家庭所占的比例都很高。虽然因为样本量比较小，可能存在一定的偏差，但这样的结果至少说明，购买补充饲草在整个普氏原羚分布区都是极为常见的事。如果按照 Mishra（2001）的观点，即补饲意味着过牧，那么所有普氏原羚分布区都处于过牧的状态。另外，比较各分布区的理论需草量和实际草地生物量，如果按“留半取半”的原则（Holechek，et al，1995），仅天峻的草地生物量有所盈余，青海湖边的几个区域以及哇玉整体呈现过载状态。即便夏季所有的生物量都能被利用，哈尔盖-甘子河北、哈尔盖-甘子河 _ 南、元者三个区域的草地仍不能满足家畜的需求，这些缺口只能由购买的饲草补充。理论需草量和实际生物量的计算可能具有局限性，但这个结果至少可作为相对指标用以比较不同分布区家畜饲草需求不能被满足的程度。那么，哈尔盖-甘子河北、哈尔盖-甘子河 _ 南、元者属于严重超载的区域，塔勒宣果、沙岛、湖东和哇玉的超载程度次之，天峻的超载程度较轻。

然而，若以分布小区为单位，则2000—2009年各区草地的生物量都没有显著的变化。若以1000米×1000米的栅格为单位，超过90%的栅格的生物量没有显著变化，只有约4.2%的栅格生物量显著降低，另有4.5%的栅格生物量显著增加（见“4.3.3　影响普氏原羚空间分布的因素”）。这说明普氏原羚分布区的草地，仅从生长季的最高生物量上来看，这10年间没有发生显著的退化。但草地退化的指标除生物量外，还包括盖度和物种组成（Zhao，Zhou，1999）。高强度的家畜选择性采食可能增加毒杂草的优势度，降低多年生优良牧草如莎草科、禾本科植物的组成（周华坤，等，2002）。植被组成的变化在EVI数据中没有体现，有待进一步研究和证实。

对于普氏原羚而言，至少在现在，面临着因家畜的资源竞争而造成的食物短缺困境：家畜的需草量超过了草地的产草量，但家畜有饲草补充以满足其食物需求；普氏原羚不但在枯草季没有额外的食物补充，并且由于围栏和人类活动的阻隔作用，更限制了它们对高生物量草地的获得，从而加剧了其食物短缺的程度。

### 6.4.2　干扰竞争

空间共存的分析结果说明从整体上而言，普氏原羚和家畜之间在空间上倾向于相互分离，即两者之间存在空间排斥性。而第三章中的逻辑斯蒂回归结果则显示，家畜密度不是影响普氏原羚空间分布的显著因素，普氏原羚和家畜在空间分布上没有显著的关系，既没有表现出趋近，也没有表现出避让。因为空间共存只单纯计算家畜和普氏原羚在空间分布上的关系，这种关系可能是多个因素共同作用的结果，$C$ 的大小并不能反映各种因素的作用和强度。但逻辑斯蒂回归是同时考虑几个因素的影响，并从中筛选出影响显著的几个因素，其结果比空间共存的分析结果更为可靠。因此，空间共存的分析结果说明整体上普氏原羚和家畜之间存在空间排斥性，虽然这种空间排斥性并不是由家畜本身，而是由其他因素（例如围栏密度、植被生物量）共同作用造成的。不管是由哪个因素引起的，家畜和普氏原羚最终表现出空间排斥性，家畜限制了普氏原羚对高质量草地的获取，两者之间表现出干扰竞争。需要说明的是，因为家畜在数量和分布上的压倒性优势，所谓竞争可能只对普氏原羚一方产生影响，而对家畜的影响则微乎其微（图 6-4）。

图 6-4　鸟岛周围的草场，放牧的密度很高（王大军　摄）

### 6.4.3　竞争在普氏原羚种群状态上的反映

青海湖周边地区家畜的分布和数量在某种程度上是合理的，因为总的来说，生物量高的草地上家畜密度越高（图 6-2），但是每个绵羊单位所能获得的草料量则随着家畜密度的增加而降低（图 6-3）。也就是说草地生物量越高的地方，家畜就越有可能受到食物的限制，而同域分布的普氏原羚也面临同样的问题。由于密度增加而引起的饲草供给能力的降低，会影响有蹄类的身体状况，进而影响繁殖力（Clutton-Broc，et al，1982；Skogland，1983；Leader-Williams，1988）；新生幼仔的死亡率也受到饲草供给能力的影响（Clutton-Brock，et al，1982；Sæther，1997）。但我们的结果显示普氏原羚的种群密度、幼仔出生率和幼仔死亡率与家畜密度之间没有显著关系，与分布区的饲草供给也没有显著关系。普氏原羚与家畜之间虽然表现出竞争，但竞争的作用最后并没有反映到种群繁殖力上。可能的原因在于，普氏原羚目前的种群规模很小，一小块栖息地就可能满足种群所需；也因为种群规模小，任何一个环境因子（例如狼的捕食、偷猎、围栏造成的被捕食风险增加等）的突发变化都可能对种群产生很大的影响，因此，种群繁殖力与家畜密度或草地的饲草供给能力之间都没有明显的关系。

### 6.4.4 草地生产力与普氏原羚种群的恢复

更好的饲草供给能力可能有助于普氏原羚的种群恢复。在所有的普氏原羚分布区中，天峻的平均饲草供给能力是最高的，为 466 千克 / DSE。而天峻种群自 2003 年以来似乎也表现出增长的趋势。其他三个可能增长的普氏原羚种群所在区域的家畜的平均饲草供给能力并不高：哈尔盖-甘子河 _ 北为 156 千克 / DSE，哈尔盖-甘子河 _ 南为 123 千克 / DSE，沙岛为 242 千克 / DSE。但更细致的调查发现哈尔盖-甘子河 _ 北的普氏原羚所能获得的饲草可能高于家畜平均水平：该分布区内有一片大约 5 平方千米的退耕地，为附近的青海湖农场所有。退耕地的边缘原本建有围栏，于 2008 年拆除，该区域内原则上不允许放牧，但普氏原羚可以自由地出入。这块区域的平均 EVI 值为 0.37，根据回归方程转换成草地生物量为每平方千米草地产草

$$(351.97 \times 0.37 - 11.855) \times 1000 = 118\,374 \text{ 千克，}$$

每年总共可利用的干草量为

$$118\,374 \times 0.5 \times 5 = 295\,935 \text{ 千克。}$$

2008 年 12 月我们在这一地区记录到 182 只普氏原羚，那么每只普氏原羚能获得的饲草约 1626 千克。虽然我们不能保证退耕地能得到很好的维护以致家畜

完全不进入取食，但就算一半的退耕地被家畜使用，剩下的草地仍然能够保证每只普氏原羚获得约 813 千克饲草，同样远高于天峻的平均饲草供给能力。

图 6-5 刚察县青海湖农场一分场的退耕还草地块，由于草场权属的原因，原则上实施禁牧，应当成为普氏原羚的专属草场（王大军 摄）

鸟岛区域因为缺乏家畜数据，无法计算平均饲草供给能力，但对于普氏原羚来说，其饲草供给能力却是可以计算的。鸟岛区域包括两种类型的草地：没有家畜放牧的属于青海湖保护区核心区域的草地，和核心区外属于牧民有围栏、有家畜的草地。普氏原羚冬季生活在核心区，而夏季为了躲避大量游客，有时会游荡到核心区外的草地上。据保护区工作人员称，核心区内可供普氏原羚自由活动的草地约有 2.7 平方千米，平均 EVI 值为 0.09。根据我们的回归方程推断，普氏原羚能利用的草地生物量约为

$$(351.97 \times 0.09 - 11.855) \times 1000 \times 2.7 = 53\,520 \text{ 千克。}$$

假设这一群普氏原羚现有个体 40 只，则每只普氏原羚能得到的饲草量约为 1338 千克，远远大于天峻的平均饲草供给能力。因此可以推断，如果这一区域的其他环境因素有利于或者仅仅不是有害于普氏原羚的生存，那么这一群普氏原羚将会有所增长。我们在调查中确实记录到比之前的调查结果更多的普氏原羚个体。青海湖保护区的工作人员在 2011 年 1 月记录到 38 只个体，证实这个种群在这些年中确实在缓慢恢复。

因此我们建议，一小块没有家畜放牧和人为干扰的草地，将有助于普氏原羚种群的恢复。在目前普氏原羚种群数量很少的情况下，所需草地面积并不大。几个普氏原羚分布小区的平均 EVI 值从 0.09 到 0.34 不等，可以取平均 EVI 为 0.2 作为中等生物量的草地。根据方程换算可被利用生物量约为

$$351.97 \times 0.2 \times 0.5 - 11.855 = 23.342 \text{ 克/平方米。}$$

一块 1 平方千米的中等生物量草地，可供利用的生物量为 23 342 千克。假设每只普氏原羚有相当于一个绵羊单位的饲草消耗（每天消耗 1.42 千克干草），则每只普氏原羚一年需干草 $1.42 \times 365 = 518.3$ 千克。那么这一块草地一年可供养的普氏原羚约为23 342 / 518.3 = 45 只。对于目前规模最大的哈尔盖-甘子河_南种群（2008 年 12 月纪录数量为 340 只），也只需要 8 平方千米的中等生物量草地。如果能够在每个普氏原羚分布区建立这样的无放牧草地，一方面可以检验我们的假说，同时也能给普氏原羚一个恢复的机会。

**附表　调查中所记录的在所有样方中的总质量超过 10 克的植物**

| 物　种 | 拉丁名 | 质量/克 | 属 | 科 |
|---|---|---|---|---|
| 合头草 | *Sympegma regelii* Bunge | 264 | 合头草属 | 藜科 |
| 碱韭 | *Allium polyrhizum* Turcz. ex Regel | 230 | 葱属 | 百合科 |
| 羊茅 | *Festuca sp*. | 193 | 羊茅属 | 禾本科 |
| 多枝黄耆 | *Astragalus polycladus* Bur. et Franch. var. *polycladus* | 188 | 黄耆属 | 豆科 |
| 蚓果芥 | *Torularia humilis* (C. A. Mey.) O. E. Schulz f. *humilis* | 172 | 念珠芥属 | 十字花科 |
| 二裂委陵菜 | *Potentilla bifurca* L. var. *bifurca* | 150 | 委陵菜属 | 蔷薇科 |
| 高山嵩草 | *Kobresia pygmaea* C. B. Clarke var. *pygmaea* | 149 | 嵩草属 | 莎草科 |
| 矮生嵩草 | *Kobresia humilis* (C. A. Mey. Ex Trautv.) Sergiev | 148 | 嵩草属 | 莎草科 |
| 华扁穗草 | *Blysmus sinocompressus* | 133 | 扁穗草属 | 莎草科 |
| 鹅绒委陵菜 | *Potentilla anserina* L. var. *anserina* | 128 | 委陵菜属 | 蔷薇科 |
| 青藏苔草 | *Carex moorcroftii* Falc. ex Boott | 115 | 薹草属 | 莎草科 |
| 海乳草 | *Glaux maritima* L. | 114 | 海乳草属 | 报春花科 |
| 圆囊薹草 | *Carex orbicularis* Boott | 112 | 薹草属 | 莎草科 |
| 披针叶野决明 | *Thermopsis lanceolata* R. Br. | 107 | 野决明属 | 豆科 |
| 狼毒 | *Stellera chamaejasme* Linn. | 104 | 狼毒属 | 瑞香科 |
| 红砂 | *Reaumuria songarica* (Pall.) Maxim. | 96 | 红砂属 | 柽柳科 |
| 薹草 | *Carex sp*. | 96 | 薹草属 | 莎草科 |

续表

| 物　种 | 拉丁名 | 质量/克 | 属 | 科 |
| --- | --- | --- | --- | --- |
| 线叶嵩草 | *Kobresia capillifolia* (Decne.) C. B. Clarke | 96 | 嵩草属 | 莎草科 |
| 镰形棘豆 | *Oxytropis falcata* Bunge var. *falcata* | 91 | 棘豆属 | 豆科 |
| 乳白花黄耆 | *Astragalus galactites* Pall. | 90 | 黄耆属 | 豆科 |
| 三辐柴胡 | *Bupleurum triradiatum* Adams ex Hoffm. | 77 | 柴胡属 | 伞形科 |
| 青海鸢尾 | *Iris qinghainica* Y. Z. Zhao | 77 | 鸢尾属 | 鸢尾科 |
| 盐地风毛菊 | *Saussurea salsa* (Pall.) Spreng. | 77 | 风毛菊属 | 菊科 |
| 短穗兔耳草 | *Lagotis brachystachya* Maxim. | 76 | 兔耳草属 | 玄参科 |
| 单子麻黄 | *Ephedra monosperma* | 70 | 麻黄属 | 麻黄科 |
| 多裂委陵菜 | *Potentilla multifida* L. var. *multifida* | 62 | 委陵菜属 | 蔷薇科 |
| 大花蒿 | *Artemisia macrocephala* | 61 | 蒿属 | 菊科 |
| 微药碱茅 | *Puccinellia micrandra* (Keng) Keng et S. L. Chen | 57 | 碱茅属 | 禾本科 |
| 小叶棘豆 | *Oxytropis microphylla* (Pall.) DC. | 52 | 棘豆属 | 豆科 |
| 冰川棘豆 | *Oxytropis glacialis* Benth. ex Bunge | 46 | 棘豆属 | 豆科 |
| 长茎藁本 | *Ligusticum thomsonii* | 43 | 藁本属 | 伞形科 |
| 刺儿菜 | *Cirsium setosum* | 41 | 蓟属 | 菊科 |
| 洽草 | *Koeleria cristata* (Linn.) Pers. var. *cristata* | 37 | 洽草属 | 禾本科 |
| 弱小火绒草 | *Leontopodium pusillum* (Beauv.) Hand. -Mazz. | 37 | 火绒草属 | 菊科 |
| 条叶垂头菊 | *Cremanthodium lineare* Maxim. var. lineare | 32 | 垂头菊属 | 菊科 |
| 高山唐松草 | *Thalictrum alpinum* | 31 | 唐松草属 | 毛茛科 |
| 五柱红砂 | *Reaumuria kaschgarica* Rupr. | 28 | 红砂属 | 柽柳科 |
| 灰枝紫菀 | *Aster poliothamnus* | 27 | 紫菀属 | 菊科 |
| 钉柱委陵菜 | *Potentilla saundersiana* | 26 | 委陵菜属 | 蔷薇科 |
| 白花枝子花 | *Dracocephalum heterophyllum* | 25 | 青兰属 | 唇形科 |
| 藏虫实 | *Corispermum tibeticum* Iljin | 23 | 虫实属 | 藜科 |
| 醉马草 | *Achnatherum inebrians* (Hance) Keng | 23 | 芨芨草属 | 禾本科 |
| 无茎黄鹌菜 | *Youngia simulatrix* | 21 | 黄鹌菜属 | 菊科 |
| 猫头刺 | *Oxytropis aciphylla* | 21 | 棘豆属 | 豆科 |
| 梭罗草 | *Roegneria thoroldiana* | 21 | 鹅观草属 | 禾本科 |

**续表**

| 物　种 | 拉丁名 | 质量/克 | 属 | 科 |
|---|---|---|---|---|
| 唐古韭 | *Allium tanguticum* | 19 | 葱属 | 百合科 |
| 粗壮嵩草 | *Kobresia robusta* | 19 | 嵩草属 | 莎草科 |
| 卷鞘鸢尾 | *Iris potaninii* | 18 | 鸢尾属 | 鸢尾科 |
| 黑腭棘豆 | *Oxytropis sp.* | 18 | 棘豆属 | 豆科 |
| 茵垫黄耆 | *Astragalus mattam* | 17 | 黄耆属 | 豆科 |
| 阿拉善马先蒿 | *Pedicularis alaschanica* | 16 | 马先蒿属 | 玄参科 |
| 甘青剪股颖 | *Agrostis hugoniana* | 15 | 剪股颖属 | 禾本科 |
| 密花黄耆 | *Astragalus densiflorus* | 15 | 黄耆属 | 豆科 |
| 海韭菜 | *Triglochin maritimum* | 15 | 水麦冬属 | 水麦冬科 |
| 锡金蒲公英 | *Taraxacum sikkimense* | 13 | 蒲公英属 | 菊科 |
| 金露梅 | *Potentilla fruticosa* | 12 | 委陵菜属 | 蔷薇科 |
| 甘肃棘豆 | *Oxytropis kansuensis* | 11 | 棘豆属 | 豆科 |
| 千里光 | *Senecio scandens* | 11 | 千里光属 | 菊科 |
| 直立黄耆 | *Astragalus adsurgens* Pall. | 11 | 黄耆属 | 豆科 |
| 独行菜 | *Lepidium apetalum* Willd. | 11 | 独行菜属 | 十字花科 |
| 沿沟草 | *Catabrosa aquatica* (L.) Beauv. | 10 | 沿沟草属 | 禾本科 |
| 管状长花马先蒿 | *Pedicularis longiflora* Rudolph var. *tubiformis* | 10 | 马先蒿属 | 玄参科 |
| 短柱亚麻 | *Linum pallescens* Bunge | 10 | 亚麻属 | 亚麻科 |

注：拉丁名参考《中国植物志》。

奚志农/野性中国

第七章

# 普氏原羚种群增长的关键限制因素

保护普氏原羚的关键，是找到让其种群增长的办法，换而言之，就是找到限制其种群增长的因素，并消除它。我们的研究结果显示，种群规模和分布区是不稳定和持续受到限制的，整个种群的增长是存在障碍的，围栏的存在与普氏原羚及其分布有负相关的关系，家畜的分布与普氏原羚的分布也有负相关的关系，要证明这种负相关的关系是因果关系，找到其作用的机理是一个巨大的挑战。但是我们的科学研究要有益于普氏原羚的保护，就必须面对这个挑战。继续收集青海湖北岸哈尔盖-甘子河种群的数据，我们试图向找到限制种群的因素以及围栏对普氏原羚作用的机理迈进一大步。

王大军　摄

## 7.1 前言

### 7.1.1 种群增长关键参数的确定

为了制定有效的濒危物种保护管理方案，明确限制种群增长的关键参数至关重要（Morris，Doak，2002；Mills，2007）。

当能够获得濒危物种的种群结构统计（demographic）数据时，最通行的工具就是灵敏度分析（analytical sensitivity）和弹性分析（elasticity analysis）(Heppell，et al，2000a；Kroon，et al，2000，Morris，Doak，2002)。弹性分析可以很好地估计与比较特定生命阶段的存活、生长与繁殖各参数变化对种群的影响，其应用已经从比较生命统计学和生活史演化扩展到保护与管理濒危种群上（Heppell，et al，2000a）。

死亡曲线可以直观地反映各年龄段个体死亡率的变化情况。许多哺乳动物如水牛（*Syncerus caffer*）（Sinclair，1977）、喜马拉雅塔尔羊（*Hemitragus jemlahicus*）、绵羊（*Ovis aries*）、马鹿（*Cervus elaphus*）以及黑斑羚（*Aepyceros melampus*）（Jarman，Jarman，1973），其雌性的未成年个体死亡率较高，成体死亡率低，直到最后老年阶段死亡率陡然升高，使得它们的死亡曲线都符合 U 型模式（Caughley，1966，1977）。目前尚无对普氏原羚雌性死亡曲线的报道。

本研究对哈尔盖-甘子河地区普氏原羚种群进行灵敏度分析与弹性分析，绘制并分析雌性死亡曲线，比较普氏原羚与几种有蹄类动物的生育率，探究哈尔盖-甘子河地区普氏原羚种群增长的关键参数。

### 7.1.2 普氏原羚面临的威胁及其变化

历史上普氏原羚急剧的数量下降和栖息地退缩主要是毁灭性的滥捕滥猎造成的（郑杰，2005）。1996 年，国家颁布了《中华人民共和国枪支管理法》，私人所持枪支全部收归国有。虽然普氏原羚曾经面临的最大威胁“打猎”十余年前就已经基本得到控制，但是从 1997 年到 2006 年的 10 年时间里，其相同调查区域内种群数量并没有显著增长（魏万红，等，1998；夏勒，等，2006；叶润蓉，等，2006），张璐与李春林的研究分别指出一些地区普氏原羚种群数量甚至出现下降（Li，et al，2012；Zhang，et al，2013）。文献指出，普氏原羚目前仍面临诸多威胁，主要包括：

① 网围栏的阻隔和绞缠（李迪强，等，1999b；刘丙万，蒋志刚，2002；蒋志刚，等，2004；夏勒，等，2006；张璐，2011；Li，et al，2012；You，et al，2013）；

② 家畜过多（魏万红，等，1998；李迪强，等，1999b；蒋志刚，等，2001；蒋志刚，等，2004；夏勒，等，2006；张璐，2011；Li，et al，2012）；

③ 栖息地减少（魏万红，等，1998；蒋志刚，等，2001；蒋志刚，等，2004；易湘蓉，等，2005；郑杰，2005；Li，et al，2012；You，et al，2013）；

④ 食物和水源的短缺（魏万红，等，1998；李迪强，等，1999a；刘丙万，蒋志刚，2002；蒋志刚，等，2004；易湘蓉，等，2005；郑杰，2005；张璐，2011；Li，et al，2012）；

⑤ 狼的捕食（李迪强，等，1999a；蒋志刚，等，2001；蒋志刚，等，2004；夏勒，等，2006；Li，et al，2012）；

⑥ 偷猎（蒋志刚，等，2001；蒋志刚，等，2004；夏勒，等，2006）。

尽管文献中对普氏原羚面临的威胁做了很多讨论，但是有针对性的研究却远远不够。本研究组收集哈尔盖-甘子河地区普氏原羚的死亡事件，统计直接致死因素，使用矩阵模型模拟比较威胁因素对雌性种群增长率的影响程度。并进一步深入探讨围栏对普氏原羚死亡率的影响，以及围栏类型高度对不同年龄阶段普氏原羚的影响。在此基础上，我们观察普氏原羚通过围栏的行为，使用回归模型计算出适于普氏原羚通过的围栏的“安全高度”，提出了明确而有针对性的保护建议。

### 7.1.3　围栏的建设发展及其对普氏原羚的影响

铁丝围栏作为人类管理草原的重要手段，在19世纪中后期美国的西进运动中开始出现（Webb，1931）。围栏主要被用于划分土地所有权，管理家畜，防止野生动物进入等。

青海湖地区的牧民传统上是游牧生活。20世纪80年代初，农区家庭联产承包责任制的成功经验在牧区推广，选定试点，实施“畜草双承包责任制”

(李文军，张倩，2009)。畜草双承包责任制的目的是维护良性的生态并且建立起一个持续高产的畜牧业生产体系（周惠，1984)。通过承包牲畜和草场，明确牧民责、权、利，改变“牲畜吃草场大锅饭”和“靠天养畜”的局面，牧民享有畜牧业经营收益的剩余索取权，激励牧民的生产积极性（李文军，张倩，2009)。20世纪90年代，这一政策在青海湖地区开始实施，引入围栏帮助牧民细致管理草场（张璐，2011)。21世纪退牧还草工程及天保工程的公益林都涉及网围栏的建设，增大了草原围栏密度（于长青，2008)。

围栏对我国草原生态系统的影响一直存在争议，一些学者认为围栏有利于草场的保护与恢复（杨刚，等，2003)；另一些学者认为围栏使得家畜被限定在固定区域内，连续的啃食是草场退化的主要原因（敖仁其，等，2004)；围栏还导致“分布型”过牧（张倩，李文军，2008)。张璐等人的研究则表明2000—2009年，青海湖地区围栏并未促进草场恢复，也没有加剧草场退化(张璐，2011)。然而我国广大牧区围栏建设工程仍在不断进行中，并一直被作为规划和评价草原保护的重要指标。农业部《全国草原保护建设利用总体规划》要求“到2020年，累计草原围栏面积达到6000万公顷”。2010年5—7月，作为青海湖流域生态环境保护和综合治理项目的一部分，青海湖周边地区增加了围栏密度，提高了围栏高度，新围栏全部加上用于管理牛、马等大型家畜的顶部刺丝（图7-1)。

没有考虑野生动物需求的围栏，会对野生动物，尤其是有蹄类动物构成严重威胁（Gordon，2009；Islam，2010)。围栏不仅可以直接导致动物死亡(Harrington，Conover，2006；Rey，et al，2012)，还限制其对关键资源的获得(Mbaiwa，Mbaiwa，2006；Loarie，2009)，阻碍其迁移（Bolger，2007；Fox，2009；Islam，2010)，导致其栖息地片段化（Hobbs，2008)。

青海湖周边的草场围栏以户为单位，交错成网状分布。哈尔盖-甘子河地区平均每1000米样线上遇到围栏两道（张璐，2011)，即大约500米就会出现一道围栏。因此普氏原羚在采食、饮水、躲避敌害、规避人类活动与畜群干扰以及发情期雄性追逐雌性时，都不可避免要通过围栏。

已有许多学者将围栏列为普氏原羚目前所面临的最重要的威胁之一。张璐的研究表明，与家畜、人类活动和植被生物量相比，围栏是普氏原羚分布的最主要影响因素，并且阻碍了普氏原羚进入高生物量草地。不仅如此，围

图 7-1　研究区域内典型的顶部加一道刺丝的网围栏（刘佳子　摄）

栏密度与 3 月龄幼仔死亡率呈显著正相关关系（张璐，2011）。游章强与蒋志刚等人的最新研究发现，围栏使普氏原羚日活动距离缩短，栖息地面积减少，并导致普氏原羚死亡（You，et al，2013）。围栏对普氏原羚的负面影响已经成为大家的共识，然而围栏是否通过影响普氏原羚种群增长的关键参数从而限制其种群增长？有多大程度的影响？对普氏原羚幼仔和成年个体造成威胁的围栏高度类型一致吗？普氏原羚幼仔和成年个体如何通过围栏？什么样的围栏对普氏原羚而言才是“安全”的？这些问题亟待解决，其答案将为普氏原羚保护提供更加具体而有针对性的建议。

#### 7.1.4　家畜现状及其对普氏原羚的影响

研究家畜对野生动物的影响对野生动物的保护十分重要（Prins，1992；Fleichner，1994；Noss，1994；Voeten，1999）。青海湖周边畜养着数以百万计的家畜，据统计，2002年绵羊、山羊、牦牛、黄牛、马等折合为440.69万个绵羊单位（祁英香，2009）。

已有研究表明，普氏原羚与藏系绵羊食性重叠率在草青期为61%，草枯期为81%（Liu，Jiang，2004）。在张璐的研究中，除天峻外，其他普氏原羚分布区整体呈现过牧状态，哈尔盖-甘子河铁路南北和元者属于严重超载的区域；家畜在草枯期加剧了普氏原羚食物短缺程度；同时普氏原羚与家畜存在干扰竞争，即在有选择的情况下，普氏原羚倾向于避开家畜活动；但是家畜的影响并未直接反映在普氏原羚种群参数上（张璐，2011）。

围栏的建设与家畜管理直接相关，因此虽然家畜并未直接影响普氏原羚种群参数，但是家畜种类、数量与放牧时间地点的变化规律，都关系到围栏建设的类型与数量需求。

我们对家畜的研究一方面关注其与普氏原羚的时间、空间干扰竞争关系，另一方面依据家畜现状提出利于普氏原羚保护的围栏改造方案。

## 7.2 方法

### 7.2.1 哈尔盖-甘子河地区普氏原羚种群增长的限制性参数

(1) 灵敏度分析与弹性分析

灵敏度 $s_{i,j}$ 量化了矩阵元素 $a_{i,j}$ 无穷小的绝对变化所引起的种群增长率 $\lambda$ 的绝对变化（Caswell，1978）。$\boldsymbol{w}$ 和 $\boldsymbol{v}$ 分别是矩阵模型的右特征向量与左特征向量，$\langle \boldsymbol{w}, \boldsymbol{v} \rangle$ 代表向量 $\boldsymbol{w}$ 和 $\boldsymbol{v}$ 的内积。

$$s_{i,j} = \frac{\partial \lambda}{\mathrm{a}_{i,j}} = \frac{\boldsymbol{v}_i \boldsymbol{w}_j}{\langle \boldsymbol{w}, \boldsymbol{v} \rangle} \tag{7-1}$$

弹性 $e_{i,j}$ 则量化了矩阵元素 $a_{i,j}$ 无穷小的变化比例所引起的种群增长率 $\lambda$ 的变化比例（Caswell，et al，1984；de Kroon，et al，1986）。

$$e_{i,j} = \frac{\partial(\log\lambda)}{(\log a_{i,j})} = \frac{a_{i,j}}{\lambda} \frac{\lambda}{\mathrm{a}_{i,j}} \tag{7-2}$$

种群参数的灵敏度与弹性越大，表明其对种群增长率 $\lambda$ 的影响越大。基于第三章构建的矩阵模型，使用 MATLAB R2009a 软件进行矩阵计算。

(2) 哈尔盖-甘子河地区雌性普氏原羚死亡曲线

死亡曲线可以直观地反映各年龄阶段死亡率的变化。我们根据哈尔盖-甘子河地区普氏原羚雌性个体死亡年龄段鉴定结果（表 3-11）计算存活率与死亡率，绘制死亡曲线，与已有研究对比，讨论哈尔盖-甘子河地区雌性普氏原羚各年龄段死亡率变化是否符合一般规律。

### 7.2.2 哈尔盖-甘子河地区普氏原羚种群增长的威胁因素

(1) 各种直接致死因素对种群参数的影响

分别统计哈尔盖-甘子河地区不同性别、年龄普氏原羚个体死因。基于雌性生命表与矩阵模型计算单个直接致死因素、人为因素组合以及所有直接致死因素综合起来引起的幼仔存活率与成体存活率的变化，进一步得到雌性种群增长率的变化。通过比较雌性种群增长率变化比较各因素及组合形式对种群动态的影响程度。

按照以下两种情景计算成体存活率的变化：情景一是致死因素对成体存活率影响的最大值，即致死因素排除后，该个体可以存活至最后一个年龄段；情景二是致死因素对成体存活率影响的最小值，即致死因素排除后，该个体仅仅可以存活至下一年龄段，对于死亡的幼仔，则视初始成体存活率为其影响的最小值。

由于捕食致死在野外工作中很难收集到全面而确凿的判定证据，故依据尸体状态、齿痕、脚印、血迹、拖拽痕迹等证据是否齐全、是否明确，将捕食致死的可能性分为明确、疑似和可能相关三个等级（表 7-1）。

**表 7-1 捕食致死的判断依据**

| 等级 | 判据 |
|---|---|
| 明确的捕食 | 死亡个体头部或喉部有清晰齿痕，尸体呈被撕咬过的状态；现场有较为清晰的捕食者追逐普氏原羚的脚印、大量血迹、散乱的毛发和拖拽痕迹 |
| 疑似捕食 | 尸体呈被撕咬过的状态；现场大量的血迹、散乱的毛发和拖拽痕迹 |
| 可能与捕食相关 | 残体呈被撕咬过的状态或发现处有血迹及散乱的毛发 |

发现时仅为少量残骸，并且没有死亡现场的个体，记为死因不明。

奚志农 / 野性中国

(2) 围栏对普氏原羚种群的影响

为进一步讨论围栏这一重要威胁因素对普氏原羚死亡率的影响，我们量化了普氏原羚活动强度、围栏密度与围栏类型、高度等特征信息，结合每一起死亡事件信息及现场环境因素记录，分析了到围栏的距离、围栏的密度与普氏原羚死亡事件的关系，并使用矩阵模型模拟比较围栏对雌性种群增长率的间接影响，另外考察了围栏类型高度对不同年龄阶段普氏原羚的影响。最后我们通过观察普氏原羚通过围栏的行为，使用二元逻辑回归模型计算围栏的"安全"高度。

① 普氏原羚死亡事件现场到围栏的距离。选取 2010 年 7 月—2012 年 9 月收集到的普氏原羚死亡事件中，有明确事发现场的案例。使用 Arc GIS 为死亡事件位点做 500 米缓冲区。以 Google Earth 地图（成像日期：2013 年 4 月 13 日，2013 年 4 月 24 日）为基础，样线调查记录的围栏位点为参考，在缓冲区中描画出所有可辨别的围栏。使用 Arc GIS 在缓冲区生成 100 个随机点，计算并比较所有死亡事件位点和随机点到最近围栏的距离。我们使用非样线调查中记录的围栏位点，以及样线调查中记录到的无围栏位点对绘制的围栏图层进行精度评估。

② 普氏原羚死亡事件现场与围栏密度。选取 2012 年 1 月和 4 月中心样线上有普氏原羚粪便痕迹的 1 平方千米栅格，根据"井字形"样线是否发现死亡事件分为两类。以中心样线上普氏原羚粪便痕迹点数量作为该栅格普氏原羚活动强度指标。由于同一栅格在两次调查中均有普氏原羚粪便痕迹，其数量和分布也会有变化，因此两次调查相互独立，不去除编号重复的栅格；每发生一起死亡事件，该栅格即被记为 1 次有死亡事件发生的栅格，如果某栅格发现 $n$ 起死亡事件，该栅格则重复 $n$ 次作为有死亡事件发生的栅格。通过 Mann-Whitney $U$ 检验（SPSS 15.0，$\alpha=0.05$）比较有死亡事件发生与没有死亡事件发生的栅格中普氏原羚活动强度是否存在显著差异。

由于 2010 年夏季围栏建设工程结束后，全区没有大规模围栏修建或改造工程，因此我们认为自 2010 年 9 月之后，围栏没有发生变化。在 2011 年 7 月样线调查中，沿中心样线行走时遇到围栏则使用 GPS 确定围栏位置信息，记录围栏类型（顶部第一道带刺丝、顶部无刺丝），使用卷尺测量围栏最大高度。以中心样线上围栏出现次数作为每个单位面积栅格的围栏密度指标。选取 2012 年 1 月或 4 月样线调查中有普氏原羚粪便痕迹出现的栅格，根据 1 月、2 月和 4 月“井字形”样线是否发现死亡事件分为两类，3 次调查均未发现死亡事件方可记为无死亡事件栅格，每发生一起死亡事件，该栅格即被记为 1 次有死亡事件发生的栅格，如果某栅格发现 $n$ 起死亡事件，该栅格则重复 $n$ 次作为有死亡事件发生的栅格。使用 SPSS 15.0 软件，通过 Mann-Whitney $U$ 检验，比较有普氏原羚活动且有死亡事件的栅格与有普氏原羚活动但没有死亡事件的栅格中围栏密度是否存在显著差异（$\alpha=0.05$）。

③ 矩阵模型模拟比较围栏对哈尔盖-甘子河地区普氏原羚雌性种群增长率的影响。以死亡事件现场到围栏最短距离作为评价围栏对死亡事件间接影响的指标，分别以 10 米、20 米和 50 米作为划分节点。同样分影响最大化与最小化两种情景，分别计算去除围栏间接影响后雌性种群增长率的变化（我们假设当去除围栏间接影响时，其直接影响必定同步被去除，并不单纯计算去除围栏间接影响）。

④ 分析围栏高度、类型与普氏原羚幼仔及成体死亡的关系。分别统计围栏直接致死事件中幼仔与成年个体的受伤高度，致死围栏的类型与高度。使用 2011 年 7 月样线调查数据，统计研究区域内围栏高度与类型。比较导致成年个体死亡的围栏，成年个体死亡事件现场 50 米内的围栏类型和整个哈尔盖-甘子河普氏原羚活动区内围栏高度与类型。

（3）普氏原羚通过围栏的行为

为了得到普氏原羚能够通过的围栏信息和无法通过的围栏信息，2013 年 8 月，我们重复截线法样线，沿样线行进时记录所有观察到的普氏原羚通过围栏事件信息，包括通过个体年龄（幼仔、成体）、通过方式（钻、跳）和通过高度。遇到钻过围栏的情况，尽可能记录钻过处水平铁丝间宽度。如果遇到普氏原羚受到惊扰逃逸至围栏，在小范围内徘徊，未能通过，我们记录这一位点围栏高度，视作普氏原羚无法通过。同时汇总历次调查中遇到的围栏致死事件，将致死高度视为普氏原羚无法通过的围栏高度。

基于此，我们首先使用卡方检验比较了幼仔和成体通过围栏方式的差异；之后使用二元逻辑回归分别计算对普氏原羚幼仔和成体“安全”的围栏高度。

同时，我们研究了普氏原羚是否能够主动选择低矮的围栏。每一个成功通过的围栏位点，我们测量了其两侧围栏的高度。选择较低的一侧与通过位点围栏高度做配对 $t$ 检验。

此外，调查中沿样线行进时，我们记录了所遇到的围栏的位置和类型以及每一道铁丝的高度，以了解研究区域内围栏的整体情况。

(4) 家畜对普氏原羚种群的影响

首先量化家畜密度这一指标。2012 年 1 月和 4 月的样线调查中，我们沿中心样线行走时，每当遇到家畜群，通过双筒望远镜确定家畜类型（绵羊、山羊、牦牛、马、黄牛、其他），计数数量，同时使用 GPS 记录观察点经纬度信息，罗盘记录畜群中心相对观察者方向，目测估计畜群与观察者距离。将所有家畜类群转化为标准绵羊单位。

根据观察点坐标、目标方位角、目标与观察点距离，通过三角函数关系，计算得到家畜群位置坐标。以 1 平方千米栅格为单位，每栅格内标准绵羊单位数量作为该栅格家畜密度指标。

选取 2012 年 1 月和 4 月样线调查中有普氏原羚粪便痕迹出现的栅格，两次调查相互独立，不删除编号重复的栅格。根据 1 月和 4 月"井字形"样线是否发现死亡事件，将所选栅格分为两类。当同一栅格发现 $n$ 起死亡事件时，该栅格则重复 $n$ 次作为有死亡事件发生的栅格。使用 SPSS 15.0 软件，通过 Mann-Whitney $U$ 检验（$\alpha = 0.05$），比较有普氏原羚活动且有死亡事件的栅格与有普氏原羚活动但没有死亡事件的栅格，看看二者的家畜密度是否存在显著差异。

选取 2012 年 1 月和 4 月样线所覆盖区域重叠的部分，以 1 平方千米栅格为单位，使用 Mann-Whitney $U$ 检验比较 1 月到 4 月家畜密度是否发生了显著变化（SPSS 15.0，$\alpha = 0.05$）。使用地理信息系统软件 Arc GIS 9.3 将 2012 年 1 月和 4 月两次调查中家畜分布位点与普氏原羚粪便痕迹点落实成图，叠加观察家畜对普氏原羚分布的影响。

### 7.2.3　哈尔盖-甘子河地区 2009 年至 2012 年围栏与家畜变化

选取 2009 年 5 月张璐等人在哈尔盖-甘子河相同调查区域内使用样线法所得的围栏数据，与 2011 年 7 月样线调查所得的围栏数据相对比。虽然调查区域与样线的起点、终点相同，但是手持 GPS 定位本身存在一定的误差（与信号强度等因素有关），致使实际调查样线不能完全重合，因此我们认为两次调查数据为独立样本，故使用 SPSS 15.0 软件通过 Mann-Whitney *U* 检验比较 2010 年夏季围栏建设工程前后的围栏密度。使用卡方检验分析围栏类型与高度的变化。

选取 2009 年 4—5 月张璐等人的样线调查中的所有普氏原羚分布区家畜数据来分析家畜组成结构，并将哈尔盖-甘子河相同调查区域内的数据与 2012 年 1—4 月的相对比，除样线不能完全重合外，家畜群具有移动性，两次调查家畜的变化并不是原有畜群发生的改变，因此我们认为两次调查数据相互独立，故使用 SPSS 15.0 软件通过 Mann-Whitney *U* 检验分析 2009—2012 年家畜密度变化。使用卡方检验分析畜种结构变化。

围栏类型与所需要管理的畜种有关，顶部刺丝只是针对牛和马等体型较大的家畜。因此我们将哈尔盖-甘子河地区 2012 年 1 月、4 月大型家畜出现地点与普氏原羚痕迹图层叠加，讨论这一区域围栏刺丝改造方案；并且选取 2009 年 4—6 月张璐等人在除鸟岛外所有普氏原羚分布区的样线调查数据，统计各地区畜种构成，为所有普氏原羚分布区内围栏刺丝改造提供本底信息。

## 7.3 结果

### 7.3.1 哈尔盖-甘子河地区普氏原羚种群增长的限制性参数

(1) 灵敏度分析与弹性分析

根据 3. 3. 4 构建的矩阵模型：

$$\mathbf{A}=\begin{pmatrix}0 & F_A\\ G_C & P_A\end{pmatrix}=\begin{pmatrix}0 & 0.354\\ 0.533 & 0.707\end{pmatrix}$$

其中，$F_A$，成体生育率；$G_C$，幼仔存活至成体阶段的概率；$P_A$，成体在本年龄段的存活概率；计算得到其左右特征向量及其内积如下：

$$\boldsymbol{w}=\begin{pmatrix}-0.3613\\ -0.9324\end{pmatrix},$$

$$\boldsymbol{v}=(-0.5039,\ -0.8637),$$

$$\langle \boldsymbol{w},\boldsymbol{v}\rangle=0.9875$$

依公式 7-1，7-2 进行灵敏度分析与弹性分析：

$$\mathbf{S}=\begin{pmatrix}0.184 & 0.476\\ 0.316 & 0.816\end{pmatrix},$$

$$\mathbf{E}=\begin{pmatrix}0 & 0.184\\ 0.184 & 0.631\end{pmatrix}$$

敏感度矩阵 **S** 和弹性矩阵 **E** 中的元素与矩阵 **A** 一一对应，可以看到，存活率（包括成体存活率与幼体存活率）的值远高于生育率，说明存活率对雌性种群增长率的影响程度高于生育率。

(2) 哈尔盖-甘子河地区普氏原羚雌性死亡曲线

根据哈尔盖-甘子河地区雌性普氏原羚死亡个体年龄鉴定结果（表 3-10）计算得到存活率与死亡率（表 7-2）。

**表 7-2　哈尔盖-甘子河地区雌性普氏原羚各年龄段存活率与死亡率**

| 年龄段 | 死亡数量 | 初始数量 | $l_x$ | $p_x$ | $q_x$ |
|---|---|---|---|---|---|
| 0—1 龄 | 21 | 45 | 1.00 | 0.53 | 0.47 |
| 1—2 龄 | 3 | 24 | 0.53 | 0.88 | 0.13 |
| 2—3 龄 | 3 | 21 | 0.47 | 0.86 | 0.14 |
| 3—4 龄 | 6 | 18 | 0.40 | 0.67 | 0.33 |
| 4—5 龄 | 6 | 12 | 0.27 | 0.50 | 0.50 |
| 5—6 龄 | 5 | 6 | 0.13 | 0.17 | 0.83 |
| 不小于 6 龄 | 1 | 1 | 0.02 | | |

注：$l_x$ 出生后至该年龄段的存活率；$p_x$ 本年龄段至下一年龄段的存活率 $p_x=\frac{l_{x+1}}{l_x}$；$q_x$ 本年龄段至下一年龄段的死亡率 $q_x=1-p_x$

以年龄段为横坐标，本年龄段至下一年龄段的死亡率为纵坐标，绘制出哈尔盖-甘子河地区普氏原羚雌性死亡曲线，可以明显观察到其死亡高峰为 1 龄内，年轻的成年个体表现出较高的存活能力，而从中年个体开始，死亡率不断攀升（图 7-2）。

### 7.3.2　哈尔盖-甘子河地区影响普氏原羚种群参数的因素

(1) 各种直接致死因素对种群参数的影响

2010—2012 年本研究的调查时间段内，研究区域没有出现干旱、洪涝、

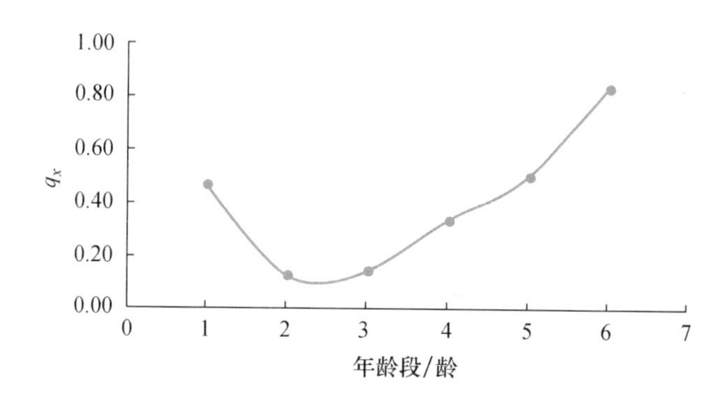


图 7-2 哈尔盖-甘子河地区雌性普氏原羚死亡曲线

雪灾等自然灾害，普氏原羚种群内也没有爆发过大规模流行疾病。

根据统计，直接导致哈尔盖-甘子河地区雄性普氏原羚个体死亡的原因是围栏和捕食者。67 例雄性死亡事件中 34 例死因不明，围栏直接致死 6 例，围栏致伤后死亡 4 例，明确被捕食 1 例，疑似被捕食 10 例，可能与捕食相关 12 例（表 7-3）。

**表 7-3 哈尔盖-甘子河地区雄性普氏原羚死因统计** 单位：例

| 年龄段 | 围栏致死 | 围栏致伤后死亡 | 被捕食 | | | 死因不明 | 总计 |
|---|---|---|---|---|---|---|---|
| | | | 明确 | 疑似 | 可能相关 | | |
| 幼仔（1 龄内） | 3 | 0 | 1 | 1 | 1 | 2 | 8 |
| 成体 | 3 | 2 | 0 | 7 | 5 | 14 | 31 |
| 无法判定年龄 | 0 | 2 | 0 | 2 | 6 | 18 | 28 |
| 总计 | 6 | 4 | 1 | 10 | 12 | 34 | 67 |

雌性普氏原羚死因包括：围栏、捕食者、塑料垃圾以及难产。55 例死亡事件中死因较为明确的有 16 例，包括围栏致死 8 例，明确被捕食 4 例，垃圾阻塞消化道 2 例（解剖工作由青海湖国家级自然保护区管理局完成，未发表），难产雌性 2 例（未产出的幼仔同为雌性，死因也记为难产），此外疑似被捕食 15 例，可能与捕食相关 7 例，死因完全无法判断的 17 例。分布如表 7-4。

**表 7-4　哈尔盖-甘子河地区雌性普氏原羚死因统计**　单位：例

| 年龄段 | 围栏致死 | 被捕食 | | | 塑料垃圾阻塞消化道 | 难产 | 死因不明 | 死亡事件总数 |
|---|---|---|---|---|---|---|---|---|
| | | 明确 | 疑似 | 可能相关 | | | | |
| 0—1 龄 | 5 | 2 | 5 | 4 | 0 | 1 | 4 | 21 |
| 1—2 龄 | 0 | 0 | 1 | 1 | 0 | 1 | 0 | 3 |
| 2—3 龄 | 0 | 0 | 1 | 0 | 1 | 0 | 1 | 3 |
| 3—4 龄 | 1 | 0 | 1 | 0 | 0 | 0 | 4 | 6 |
| 4—5 龄 | 0 | 1 | 1 | 1 | 0 | 0 | 3 | 6 |
| 5—6 龄 | 0 | 0 | 3 | 0 | 1 | 0 | 1 | 5 |
| 不小于 6 龄 | 0 | 1 | 0 | 0 | 0 | 0 | 0 | 1 |
| 年龄不清 | 2 | 0 | 3 | 1 | 0 | 0 | 4 | 10 |
| 总计 | 8 | 4 | 15 | 7 | 2 | 2 | 17 | 55 |

在去除单一致死因素、人为因素组合（围栏与塑料垃圾）以及所有直接致死因素（围栏、明确捕食者、塑料垃圾）的情景下，雌性种群增长率的变化如表 7-5。

**表 7-5　致死因素对哈尔盖-甘子河地区普氏原羚雌性种群增长率的影响**

| 去除致死因素 | | $G_C$ | $P_{A1}$ | $P_{A2}$ | $\lambda_1$ | $\lambda_2$ |
|---|---|---|---|---|---|---|
| 无(初始) | | 0.533 | 0.707 | | 0.914 | |
| A. 围栏 | | 0.644 | 0.748 | 0.711 | 0.981 | 0.951 |
| B. 捕食者 | 1 | 0.578 | 0.729 | 0.711 | 0.945 | 0.931 |
| | 1+2 | 0.689 | 0.783 | 0.733 | 1.022 | 0.982 |
| | 1+2+3 | 0.778 | 0.799 | 0.739 | 1.059 | 1.011 |
| C. 塑料垃圾 | | 0.533 | 0.724 | 0.714 | 0.927 | 0.919 |
| A+C | | 0.644 | 0.758 | 0.718 | 0.989 | 0.956 |
| A+B+C | | 0.689 | 0.769 | 0.721 | 1.010 | 0.972 |

注：1，明确；2，疑似捕食致死；3，可能与捕食相关；$G_C$，幼仔存活至成体阶段的概率；$P_{A1}$，情景一中成体在本年龄段的存活概率；$P_{A2}$，情景二中成体在本年龄段的存活概率；$\lambda_1$，情景一中种群增长率；$\lambda_2$，情景二中种群增长率。情景一是致死因素对成体存活率的影响最大值，即致死因素排除后，该个体可以存活至最后一个年龄段；情景二是致死因素对成体存活率的影响最小值，即致死因素排除后，该个体仅仅可以存活至下一年龄段，对于死亡的幼仔，则视初始成体存活率为其影响的最小值。

(2) 围栏对普氏原羚死亡的影响

① 普氏原羚死亡事件倾向于发生在围栏附近。

我们共使用 119 个地面点，评估围栏图层精度为 87%。共 60 个死亡事件位点，到围栏的最短距离显著低于随机点［Mean ± SD：(32 ± 45) 米 vs. (81 ± 67) 米；Mann-Whitney $U = 1374.5$，$P < 0.001$，图 7-3］。普氏原羚死亡事件倾向于发生在距离围栏较近的地方。

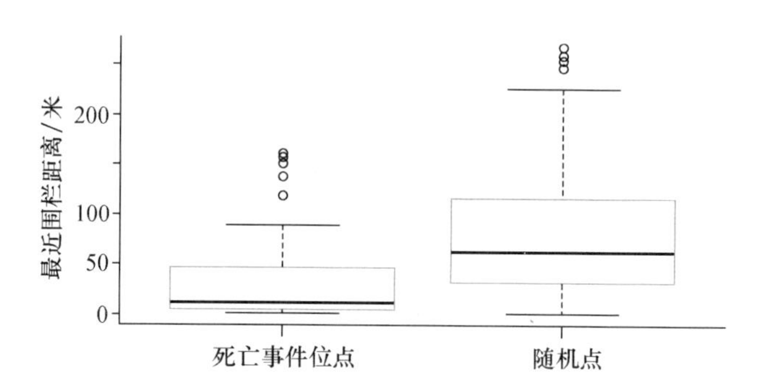


图 7-3　死亡事件现场与随机点到围栏的最近距离

② 普氏原羚死亡事件倾向于发生在围栏密度高的区域。

2012 年 1 月、4 月，有死亡事件发生的栅格 13 个次，没有死亡事件发生的栅格 62 个，两类栅格中普氏原羚活动强度没有显著差异（Mann-Whitney $U = 268.500$，$P = 0.059$）。2012 年 1 月、2 月、4 月有死亡事件发生的栅格 23 个次，从未有死亡事件发生的栅格 35 个，其围栏密度存在显著差异（Mann-Whitney $U = 266.00$，$P = 0.026$）。比较均值与中位数，有死亡事件发生的栅格围栏密度高于没有死亡事件发生的栅格（表 7-6）。

**表 7-6　有/无普氏原羚死亡事件发生的栅格内围栏密度的平均值与中位数**

| | 有死亡事件发生的栅格 / 个 | 无死亡事件发生的栅格 / 个 |
|---|---|---|
| 样本量 | 23 | 35 |
| 平均值 | 2.83 ± 1.11 | 1.91 ± 1.46 |
| 中位数 | 3 | 2 |

③ 围栏间接影响可能引起的雌性种群增长率变化。

统计哈尔盖-甘子河地区现场到围栏距离小于 50 米的雌性普氏原羚死亡事件，除 6 起由围栏直接致死外，50 米内存在围栏的 20 起，20 米内存在围栏的 16 起，10 米内存在围栏的 12 起（表 7-7）。

**表 7-7　50 米、20 米和 10 米以内有围栏分布的区域各年龄段的雌性普氏原羚死亡事件数量统计**

| 年龄段 | 围栏直接致死 / 起 | 10 米内存在围栏 / 个 | 20 米内存在围栏 / 个 | 50 米内存在围栏 / 个 |
|---|---|---|---|---|
| 0—1 龄 | 5 | 7 | 7 | 9 |
| 1—2 龄 | 0 | 0 | 1 | 2 |
| 2—3 龄 | 0 | 3 | 3 | 3 |
| 3—4 龄 | 1 | 0 | 1 | 1 |
| 4—5 龄 | 0 | 0 | 0 | 0 |
| 5—6 龄 | 0 | 2 | 4 | 4 |
| 不小于 6 龄 | 0 | 0 | 0 | 1 |

使用矩阵模型，模拟不同距离划分节点，去除围栏影响引起的雌性种群增长率的变化（表 7-8）。

**表 7-8　围栏对哈尔盖-甘子河地区雌性普氏原羚种群增长率的影响**

| 距离节点 /米 | $G_C$ | $P_{A1}$ | $P_{A2}$ | $\lambda_1$ | $\lambda_2$ |
|---|---|---|---|---|---|
| 10 | 0.800 | 0.790 | 0.727 | 1.058 | 1.008 |
| 20 | 0.800 | 0.801 | 0.739 | 1.067 | 1.017 |
| 50 | 0.844 | 0.808 | 0.742 | 1.084 | 1.032 |

④ 围栏高度、类型与普氏原羚幼仔及成体死亡之间的关系。

2010 年 7 月—2012 年 9 月共发现围栏直接致死事件 17 例，除 2 例无法判定年龄外，幼仔 9 例，成体 6 例。致死围栏类型高度与普氏原羚受伤高度如表 7-9。

2011 年 7 月研究区域内样线调查共遇到围栏 217 道，平均高度为（117 ± 21）厘米。由于成年普氏原羚受伤高度最低为 100 厘米，我们将围栏高度划分为三个等级：① 不伤害成年普氏原羚的低矮围栏（0～99 厘米）；② 平均高度之下可以伤害成年普氏原羚的中等围栏（100～116 厘米）；③ 平均高度以上可以伤害成年普氏原羚的高围栏（大于 117 厘米）。以是否带有顶部刺丝与三个高度等级结合，划分出 6 种围栏。

**表 7-9　直接导致普氏原羚死亡的围栏类型、高度与普氏原羚受伤高度**

| 序号 | 幼体 | | | 成体 | | |
|---|---|---|---|---|---|---|
| | 围栏类型 | 高度/厘米 | 受伤高度/厘米 | 围栏类型 | 高度/厘米 | 受伤高度/厘米 |
| 1 | B | 40 | 40 | A | 136 | 100 |
| 2 | A | 70 | 50 | A | 148 | 100 |
| 3 | B | 77 | 42 | A | 116 | 106 |
| 4 | B | 98 | 66 | B | 107 | 113 |
| 5 | A | 138 | 25 | A | 113 | 106 |
| 6 | B | 121 | 32 | B | 120 | 107 |
| 7 | B | 74 | 57 | | | |
| 8 | A | 142 | 70 | | | |
| 9 | B | 71 | 59 | | | |
| 均值±标准差 | | | 49±15 | | | 105±5 |

注：A. 围栏顶部带刺丝；B. 围栏不带刺丝。

统计直接导致成体普氏原羚死亡的围栏（致成体死亡围栏，6 例）、存在于成体普氏原羚死亡事件现场 50 米内的围栏（死亡现场 50 米内围栏，34 例）和 2011 年 7 月研究区域内围栏（全区围栏，217 例）的种类，并计算每种围栏的数量占不同条件围栏总数的比例（如直接致死围栏中有 2 例高且顶部带刺丝的围栏，则这种围栏在直接致死围栏中占的比例为 2/6＝33%）（表 7-10）。可以看出，在普氏原羚成体死亡事件 50 米范围内出现顶部带刺丝的高围栏的比例（70%）高于整个研究区域（46%）20 多个百分点，将围栏分为高且带刺丝与其他两大类，进行卡方检验，比较两类围栏在成体死亡事件 50 米范围内和整个研究区域内的分布，结果显示差异极显著（$n=251$，$\chi^2=6.798$，$P=0.009$）。

**表 7-10　致成体死亡围栏、成体死亡现场 50 米内围栏和全区围栏种类**

| 围栏高度等级 | 低（0～99 厘米） | | | 中（100～116 厘米） | | | 高（>117 厘米） | | |
|---|---|---|---|---|---|---|---|---|---|
| | I | II | III | I | II | III | I | II | III |
| 顶部带刺丝 | 0 | 0 | 10（5%） | 2（33%） | 0 | 19（9%） | 2（33%） | 24（70%） | 101（46%） |
| 无刺丝 | 0 | 3（9%） | 30（14%） | 1（17%） | 4（12%） | 44（20%） | 1（17%） | 3（9%） | 13（6%） |

注：I. 直接导致成体死亡围栏；II. 成体死亡现场 50 米内围栏；III. 2011 年全区围栏。括号中数据为各围栏在相应种类的围栏中所占的比例。

（3）普氏原羚通过围栏行为

调查中观察到普氏原羚通过围栏的位点共 37 处，共 42 只次，其中 12 只次为幼仔，30 只次为成体。幼仔 8 只次钻过围栏，4 只次跳过；成体仅 4 只次钻过围栏，其余 26 只次跳过。显而易见，成年个体更倾向于跳过围栏，幼仔则以钻过为主（$\chi^2=9.476$，$df=1$，$P=0.002$）。

我们测量了 26 个成年普氏原羚成功跳过的围栏，另有 27 个成体未能通过的围栏的信息（包括 9 个死亡位点）。可跳过的围栏高度为（81±22）厘米显著低于未能通过的围栏的高度（112±16）厘米（$P<0.01$）。可跳过的围栏高度也显著低于整个区域内围栏的平均高度（111±20）厘米（$P<0.01$），而未能通过的围栏高度则与平均围栏高度相当（$P=0.782$）。

我们在 25 个普氏原羚跳过围栏位点测量了其两侧的围栏高度。发现跳过的位点围栏高度为（77±27）厘米，显著低于其两侧围栏高度（88±15）厘米（$df=24$，$P=0.012$）。

基于成体 26 个通过位点与 27 个未通过位点，我们得到回归方程

$$P=\frac{e^{10.674-0.109h}}{1+e^{10.674-0.109h}},$$

式中，$h$ 代表围栏顶部高度。当围栏高度由 118 厘米降低至 78 厘米时，成年普氏原羚个体跳过的成功率从 10% 上升至 90%；当围栏高度为 71 厘米时，成年普氏原羚跳过的成功率为 95%（图 7-4）。

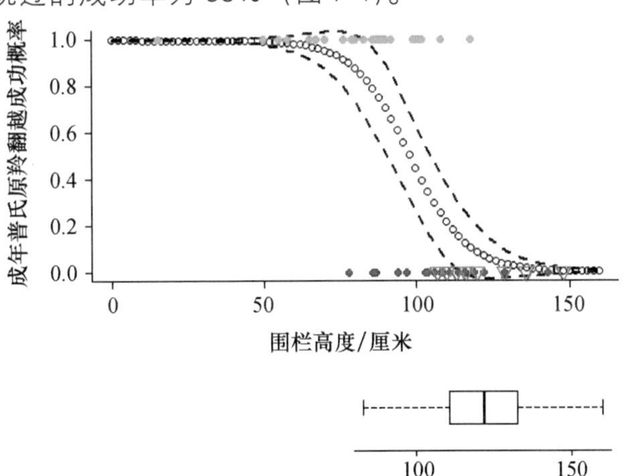


图 7-4　普氏原羚成年个体跳跃围栏高度回归曲线
绿色点为可跳过的围栏高度，蓝色点为未能通过的围栏高度，红色三角代表导致成体死亡的围栏高度。右下角的箱图代表研究区域中 2013 年 8 月围栏平均高度

2013年，哈尔盖-甘子河地区围栏平均由7道水平铁丝构成（$n=201$，SD=1），最少5道，最多达16道（表7-11）。围栏平均高111厘米，成年普氏原羚跳过这一高度成功率仅为20%。不仅如此，52%的围栏顶部带有刺丝，带刺丝围栏的平均高度为123厘米，成年普氏原羚跳过这一高度仅有6%的成功概率（图7-4）。

**表7-11　2013年哈尔盖-甘子河地区的围栏上各条铁丝的高度**

| | 铁丝道数 | 围栏顶部高度 | 刺丝高度 | 最上一条无刺铁丝高度 |
|---|---|---|---|---|
| 样本量 | 201 | 201 | 104 | 201 |
| 平均值±标准差 | 7±1 | （111±20）厘米 | （123±14）厘米 | （102±16）厘米 |

| | 各条铁丝高度（由下至上） | | | | | | | |
|---|---|---|---|---|---|---|---|---|
| | 第一道 | 第二道 | 第三道 | 第四道 | 第五道 | 第六道 | 第七道 | 第八道 |
| 样本量 | 201 | 201 | 201 | 201 | 185 | 162 | 100 | 18 |
| 平均值±标准差 | （6±6）厘米 | （18±7）厘米 | （32±9）厘米 | （47±10）厘米 | （61±11）厘米 | （77±12）厘米 | （89±14）厘米 | （56±22）厘米 |

我们记录到12个幼仔成功通过的围栏信息，和7个未能通过的围栏信息。基于此，我们得到回归方程

$$P=\frac{e^{2.761-0.046h}}{1+e^{2.761-0.046h}},$$

式中，$h$代表围栏顶部高度。根据方程计算出幼仔可以通过6厘米的围栏（哈尔盖-甘子河地区围栏底部铁丝均高）的成功率为92%，幼仔可以通过32厘米围栏（哈尔盖-甘子河地区围栏由下至上第三条铁丝均高）的成功率为78%。幼仔可以钻过的围栏水平铁丝宽度，平均值为44±25厘米（$n=7$）。

（4）家畜对普氏原羚种群的影响

我们首先考察了家畜密度与普氏原羚死亡事件的关系。2012年1月和4月，有普氏原羚死亡事件发生的栅格13个次，没有普氏原羚死亡事件发生的栅格62个，检验结果显示两类栅格内家畜密度没有显著差异（Mann-Whitney $U=299.00$，$P=0.109$）。

之后，我们考察了家畜分布的变化对普氏原羚活动区域改变的影响。

哈尔盖-甘子河普氏原羚活动区域为当地牧民冬春草场，每年2月下旬

起，有大量牧户回到该区域放牧。2012 年 1 月与 4 月样线覆盖区域共有 70 个 1 平方千米栅格相重叠。1 月与 4 月每栅格家畜密度差异极显著（Mann-Whitney $U=299.00$，$P<0.001$），比较均值与中位数，发现在 4 月家畜的密度高于 1 月（表7-12）。

**表 7-12 2012 年 1 月与 4 月每栅格内家畜密度的平均值与中位数**

| | 2012 年 1 月 | 2012 年 4 月 |
|---|---|---|
| 样本量 | 70 | 70 |
| 平均值 | 87 ± 160 | 261 ± 357 |
| 中位数 | 0 | 161.5 |

2012 年 1 月和 4 月样线调查记录到的普氏原羚实体位点与家畜实体位点分布分别如图 7-5 和 7-6。由图可以明显看出，随着 2 月之后更多家畜回到冬春草场，普氏原羚的活动区由 37 个栅格减少到 23 个栅格，家畜活动区域由 26 个栅格增加至 49 个栅格，并且基本将普氏原羚赶出了铁路北侧一块完全没有围栏分布的区域（即 6.4.4 中所述原则上禁止放牧的区域）。

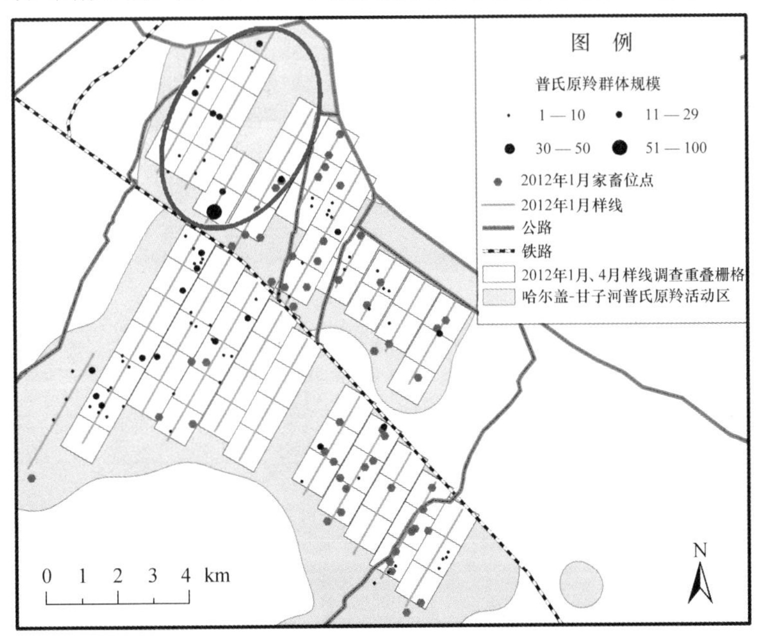


图 7-5 2012 年 1 月哈尔盖-甘子河地区普氏原羚实体位点与家畜实体位点分布（红色圈指示无围栏区域）

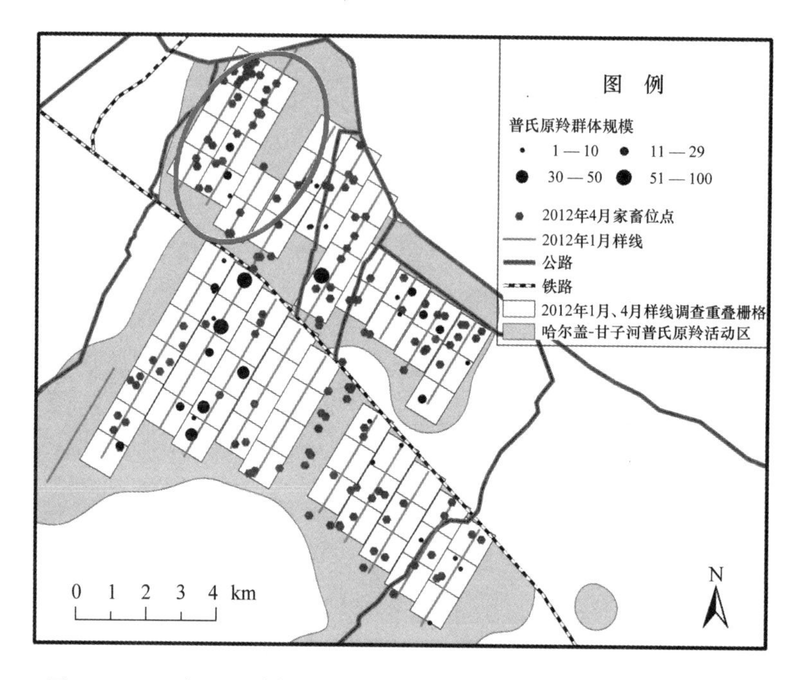


图 7-6 2012 年 4 月哈尔盖-甘子河地区普氏原羚实体位点与家畜实体位点分布（红色圈指示无围栏区域）

### 7.3.3 2009—2012 年哈尔盖-甘子河地区的围栏与家畜变化

(1) 哈尔盖-甘子河地区的围栏密度、类型与高度组成变化

2010 年夏季，作为“青海湖流域生态环境保护和综合治理”项目的一部分，研究区域内进行了大规模的网围栏建设。本次建设主要是沿原有围栏修建新围栏，在部分无围栏区域增加了围栏。工程结束后，单位面积栅格内围栏密度并没有显著变化（$n=100$，Mann-Whitney $U=1037.000$，$P=0.133$）。2009 年样线调查中遇到围栏共计 183 例，2011 年 217 例，统计各种围栏数量与比例（如 2009 年有 51 例高且顶部带刺丝的围栏，则这种类型围栏在 2009 年全区围栏中所占比例为 51/183=28%）。统计检验结果显示，2010 年围栏建设工程实施后，围栏类型构成比例发生极显著变化（$n=400$，$\chi^2=30.866$，$P<0.001$），低矮无刺丝的围栏比例下降 20 个百分点，同时高而带刺丝的围栏增加近 20 个百分点（表 7-13）。

**表 7-13 2009 年、2011 年(2010 年夏季围栏建设工程前后)哈尔盖-甘子河的围栏类型与高度分布**

| 围栏高度等级 | 低 (0～99 厘米) | | 中 (100～116 厘米) | | 高 (>117 厘米) | |
|---|---|---|---|---|---|---|
| | 2009 年 | 2011 年 | 2009 年 | 2011 年 | 2009 年 | 2011 年 |
| 顶部带刺丝 | 8(4%) | 10(5%) | 11(6%) | 19(9%) | 51(28%) | 101(46%) |
| 无刺丝 | 62(34%) | 30(14%) | 46(25%) | 44(20%) | 5(3%) | 13(6%) |

(2) 哈尔盖-甘子河地区的家畜密度与畜种结构变化

2012 年 4 月与 2009 年 4 月研究区域内家畜密度没有显著差异 ($n$ = 100, Mann-Whitney $U$ = 1089.500, $P$ = 0.264)。虽然畜种结构检验结果显示出了显著差异 ($n$ = 42494, $\chi^2$ = 22.04, $P$ < 0.001), 但是无论 2009 年还是 2012 年, 绵羊数量都占据了家畜总数量的 98% 以上 (仅 2009 年记录到 115 只山羊, 由于山羊的管理方式与绵羊相似, 因此统计时数据与绵羊合并), 牦牛和马不到 2% (表 7-14), 因此, 家畜种类构成变化对家畜管理方式的实际影响可能并不明显。

**表 7-14 哈尔盖-甘子河地区 2009 年 4—5 月与 2012 年 4 月家畜种类构成**

| 时 间 | 家畜种类 | | | 合 计 (个体数) |
|---|---|---|---|---|
| | 羊/只 | 牛/头 | 马/匹 | |
| 2009 年 4—5 月 | 23 134(98.8%) | 256(1.1%) | 35(0.1%) | 23 425 |
| 2012 年 4 月 | 19 360(98.2%) | 307(1.6%) | 46(0.2%) | 19 713 |

(3) 各普氏原羚分布区内家畜种类构成

除鸟岛没有调查数据外, 其他 9 个普氏原羚分布区内家畜均以绵羊为主, 占总数量 90% 以上, 山羊、牦牛、黄牛和马数量很少。其中牦牛、黄牛和马三种大型家畜总比例最高的元者也仅为 8.3%; 而湖东大型家畜数量不到家畜总数量的 1%; 沙岛、哇玉、快尔玛、哈尔盖-甘子河铁路北、生格 5 个区域内大型家畜数量不到家畜总数量 5% (表 7-15)。

**表 7-15 2009 年 4—6 月各个普氏原羚分布区(除鸟岛外)的家畜种类构成**

| 区 域 | 家畜种类 | | | | | 合 计 (个体数) | 大型家畜占比/(%) |
|---|---|---|---|---|---|---|---|
| | 绵羊/只 | 山羊/只 | 牦牛/头 | 黄牛/头 | 马/匹 | | |
| 湖东 | 5403 | 20 | 27 | 3 | 6 | 5459 | 0.7 |
| 沙岛 | 7731 | 0 | 168 | 0 | 12 | 7911 | 2.3 |
| 哇玉 | 10 479 | 0 | 112 | 65 | 105 | 10 761 | 2.6 |

续表

| 区 域 | 家畜种类 | | | | | 合 计 | 大型家畜 |
|---|---|---|---|---|---|---|---|
| | 绵羊/只 | 山羊/只 | 牦牛/头 | 黄牛/头 | 马/匹 | (个体数) | 占比/(%) |
| 快尔玛 | 4102 | 0 | 105 | 0 | 9 | 4216 | 2.7 |
| 哈甘北 | 17 489 | 35 | 546 | 0 | 54 | 18124 | 3.3 |
| 生格 | 5630 | 0 | 209 | 3 | 29 | 5871 | 4.1 |
| 哈甘南 | 54 063 | 34 | 2791 | 6 | 172 | 57066 | 5.2 |
| 塔勒宣果 | 22 801 | 0 | 1895 | 0 | 73 | 24769 | 7.9 |
| 元者 | 11 333 | 113 | 813 | 14 | 211 | 12484 | 8.3 |

注：大型家畜包括牦牛、黄牛和马。

## 7.4 讨论

### 7.4.1 死亡率是限制哈尔盖-甘子河地区普氏原羚种群增长的关键参数

“快”型兽类，如啮齿类和小型食肉兽，成熟早，高产，寿命短，往往生育弹性高，成体存活率弹性低；“慢”型兽类，如有蹄类和海洋兽类，成熟晚；每胎产仔数少，成体存活率高，往往生育弹性低，(成体或幼体）存活率弹性高（Heppell，et al，2000b）。在哈尔盖-甘子河地区雌性普氏原羚的弹性矩阵中，生育率引起的种群增长率变化比例仅为 18.4%，对种群增长率改变的贡献有限。由成体存活率引起的种群增长率绝对变化值最大，为 0.816，由成体存活率引起的种群增长率变化比例高达 63.1%，加上幼仔存活率的影响（18.4%），存活率对种群增长显示出绝对的主导性影响。普氏原羚雌性群的低生育弹性和高存活率弹性，符合有蹄类动物的普遍规律。

哈尔盖-甘子河地区雌性普氏原羚的死亡曲线低谷期短，上升早。Caughley 等多名研究者发现，许多雌性哺乳动物的死亡曲线都符合 U 型模式(Caughley，1966a，1977)，如，奥克尼田鼠（*Microtus arvalis*）(Leslie，et al，1955)，软帽猴（*Macaca sinica*）(Dittus，1977)，水牛（*Syncerus caffer*）(Sinclair，1977)，喜马拉雅塔尔羊（*Hemitragus jemlahicus*)，绵羊（*Ovis aries*)，马鹿（*Cervus elaphus*）以及黑斑羚（*Aepyceros melampus*）(Jarman，Jarman，1973)。形成 U 型的原因是未成年死亡率较高，成体死亡率低，直到最后老年阶段死亡率陡然升高。相比较而言，哈尔盖-甘子河地区普氏原羚雌性个体死亡曲线并不呈典型的U型：在高死亡率的未成年阶段过后，其死亡率经历了仅仅两个年龄段的短暂低谷，于第四、第五年龄段开始迅速上升。而第四、五年龄段很可能包含大量具有生育能力与育幼经验的个体，这两个年龄段个体的高死亡率势必对种群的发展产生负面影响。

普氏原羚与原羚属另外两个物种蒙古原羚、藏原羚以及同样生活在青藏高原上、属于濒危物种的藏羚羊一样，雌性在1.5龄时首次参与交配，第二年首次生育，并且每胎产一仔（Sokolov，Lushchekina，1997；Schaller，1998；Smith，et al，2009）。对蒙古原羚的研究仅有2龄及以上成年雌性的怀孕比例（繁殖力，fecundity）（Olson，et al，2005），这一数值必然高于产后实际的幼/雌比例（生育率）。相比较而言，普氏原羚生育率虽然可能低于蒙古原羚，但是并不低于藏原羚和藏羚羊（表7-16）。藏原羚在IUCN红色名录中为近危物种，其种群状况远远好于普氏原羚（IUCN，2012）。藏羚羊同样在20世纪中后期曾经因为过度捕猎而种群数量下降，但是在本世纪初采取保护措施后，种群已经出现了恢复增长（Bleisch，2009；Buzzard，et al，2012）。因此普氏原羚的生育率应该可以保证其种群实现恢复增长。

**表7-16　普氏原羚、蒙古原羚、藏原羚与藏羚羊生育率**

| 物　种 | IUCN等级 | 产仔季 | 生育率调查日期 | 区　域 | 生育率（幼/雌 比例） |
|---|---|---|---|---|---|
| 普氏原羚 | EN | 6月底—8月初 | 2010年8—9月 | 青海 | 56%，56% * |
| | | | 2011年8—9月 | 青海 | 54%，55% * |
| | | | 2012年8—9月 | 青海 | 64%，65% * |
| 蒙古原羚[a] | LC | 6月下—7月初 | 1998年—2003年6月底 | 蒙古（高原） | 92% ** |
| 藏原羚[b] | NT | 6月中—8月初 | 1988年9月 | 西藏 | 38% |
| | | | 1990年9—10月 | 西藏 | 52% |
| | | | 1988年9月 | 西藏 | 34% |
| 藏羚羊[b] | EN | 6月底—7月初 | 1990年8月 | 西藏 | 49% |
| | | | 1992年8月 | 西藏 | 40% |

注：a.（Olson，et al，2005）；b.（Schaller，1998）；

* 铁路南北两侧调查数据分别列出；** 繁殖力：2龄及以上成年雌性怀孕比例。

综上所述，存活率对哈尔盖-甘子河地区普氏原羚雌性群增长率影响大，具有生育能力与育幼经验的雌性个体的死亡率偏高；与藏原羚和藏羚羊相比较，推测普氏原羚生育率应该可以使种群实现增长；因此，生育率并未限制哈尔盖-甘子河地区普氏原羚种群增长，死亡率更有可能是种群增长的关键限制参数。

### 7.4.2 幼仔死亡率对种群的影响不可忽视

许多大型兽类种群统计学分析（demographic analysis）显示，成体存活率具有最高的弹性，而幼体存活率与繁殖率弹性最低（Escos，et al，1994；Walsh，et al，1995）。Gaillard 等人总结，在有蹄类种群中，成年雌性存活率一向弹性最高而变异性低，且大型有蹄类成体存活率比幼体成活率受到取样误差的影响更大，这给有效的种群管理留下十分有限的空间。与此同时，幼体成活率弹性较低，而变异性较大，幼体存活率对限制性因素有高度的敏感，对种群的更新起着决定性作用，对种群规模变化起主要作用（Gaillard，et al，1998）。因此，对于管理而言，幼体存活率是关键参数（Gaillard，et al，2000；Wisdom，et al，2000；Raithel，et al，2007）。

没有进一步种群统计结构分析时，无法确定成体存活率与更新率（recruitment）孰轻孰重（Gaillard，et al，1998）。弹性分析是预测性的，只有加入对实际变异的长期研究，才可以使分析结果更加可信（Gaillard，et al，1998）。了解致死因素有助于更好地评估不同死亡率的影响（Gaillard，et al，1998）。Hatter 和 Janz 的研究显示，在对黑尾鹿（*Odocoileus hemionus*）种群规模变化的影响中，变异性高的幼体存活率比相对稳定的成体存活率更加重要（Hatter，Janz，1994）。非洲大型食草动物中，幼体成活率同样变异大，对种群动态影响大（Owen-Smith，Mason，2005）。Gasaway 等人的研究表明，成体的高死亡率限制了纳米比亚 Etosha 国家公园平原有蹄类种群的增长（Gasaway，et al，1996）。而在 Albon 等人对苏格兰地区马鹿 1971—1997 年共 27 年的研究中，各个种群参数在不同时期的重要性不同，在种群增长期，出生率是种群增长的关键参数，而当种群规模趋于稳定时，成体死亡率（以雌性存活率作分析）显得越发重要（Brown，et al，1993；Albon，et al，2000）。

因此，虽然弹性矩阵中哈尔盖-甘子河地区普氏原羚幼仔存活率所引起的雌性种群增长率变化比例为 18.4%，不及成体存活率所引起变化比例(63.1%)的 1/3，但是它很可能对种群规模变化有重要的影响，因此，一方面需要重视影响普氏原羚幼仔存活率的因素；另一方面需要通过长期而深入的研究来检验弹性分析的结果，明确不同参数对普氏原羚种群规模变化的影响程度。

### 7.4.3　围栏对普氏原羚种群的影响

(1) 围栏对普氏原羚死亡率的直接影响

服务于生产而忽视野生动物的围栏很可能成为野生动物的致命威胁，对有蹄类更是如此（Gordon，2009；Islam，2010）。围栏可以直接导致有蹄类动物受伤或死亡（Harrington，Conover，2006；Paige，2008；Rey，et al，2012）。无论是北美的叉角羚（*Antilocapra americana*）、马鹿和黑尾鹿（Harrington，Conover，2006），还是南美的原驼（*Lama Guanicoe*）（Rey，et al，2012）和欧亚大陆的蒙古原羚（Olson，et al，2009）、藏原羚（吴玉虎，2005）、藏羚羊、藏野驴（Fox，2009），围栏都是其直接致死因素之一。围栏直接导致普氏原羚死亡的报道也屡见不鲜（张璐，2011；You，et al，2013）。

本研究观察到围栏是重要的直接致死因素（围栏直接致死个体数/有明确死因的个体总数：雄6/7，雌8/16），虽然围栏致死容易判断，现场痕迹保存时间长，其比例很可能被高估，但毫无疑问，围栏是对普氏原羚威胁最严重的人为因素之一。

我们所收集到的122起普氏原羚独立死亡事件中，围栏致死共14例，占12%。29例幼仔死亡事件中28%（8例）是由围栏直接导致的，55例成体死亡事件中7%（4例）也是由围栏直接导致的。

相对于成体，围栏对有蹄类幼仔往往具有更严重的影响。在Harrington和Conover的研究中，美国叉角羚、马鹿和黑尾鹿亚成体被围栏挂住的概率是成体的8倍（Harrington，Conover，2006）。Rey等对原驼的研究显示，围栏造成的1龄内幼仔年死亡率（5.53%）高于成体（0.84%），围栏所占死因比例（9%）也高于成体（5%）（Rey，et al，2012）。哈尔盖-甘子河地区幼仔死亡事件中，围栏直接致死比例（28%）也高于成体（7%）。

其实，大多数有蹄类动物新生幼仔最大的威胁来自捕食者（Caughley，1966；Linnell，et al，1995）。在蒙古，Olson等人对蒙古原羚的研究发现，虽然蒙古原羚幼仔出生10日内死亡的个体中，死因不明、低温致死和被遗弃而死的个体居多（89%），被捕食的个体仅 11%，但是之后的 355 天中，被捕食成为死亡幼仔几乎唯一的死因（Olson，et al，2005）。而捕食者几乎也是蒙古西部 Sharga 保护区内赛加羚羊新生幼仔面临的唯一威胁（Buuveibaatar，et al，2013）。2010 年 7 月—2012 年 4 月，我们在哈尔盖-甘子河地区收集到的 29 例普氏原羚幼仔死亡事件中，捕食致死比例为 10%（明确的 3 例）～48%（加上疑似被捕食、可能与捕食相关的个体，共 14 例），死因不明的为 21%（6 例），有 28%（8 例）是由围栏直接致死的。相比较而言，除了捕食压力，普氏原羚幼仔还要面临围栏这一人为因素的严重威胁，围栏增加了普氏原羚幼仔的死亡风险。

不同类型与高度的围栏对普氏原羚幼仔和成体的影响不尽相同。在北美，叉角羚、马鹿和黑尾鹿三种有蹄类的亚成体与成体一样容易被顶端两道铁丝挂住，且受伤部位也没有差异（Harrington，Conover，2006）。但在阿根廷，原驼的 1 龄内幼仔更容易被相对低矮的围栏所伤害（Rey，et al，2012）。普氏原羚幼仔主要通过“钻”或者“挤”的方式穿越围栏，这个过程中容易被横向的两条铁丝或纵向加固的铁丝与横向铁丝扭住四肢，有时会被横向铁丝勒住腹部，甚至头挤在两道横向铁丝之间无法挣脱（图 7-7）。本研究发现威胁幼仔的围栏铁丝高度在 25～70 厘米之间，均值为（49 ± 15）厘米。围栏的最大高度与是否带有顶部刺丝对幼仔而言并不重要，围栏下部留有足够的空隙才是保证幼仔能够顺利通过的关键。游章强等人的研究表明，成年普氏原羚会以钻和跳跃的方式通过围栏（You，et al，2013），但是本研究结果显示，成年个体更倾向于跳过围栏。在哈尔盖-甘子河收集到的 6 例成年个体死亡事件中，这些个体都是在跳跃翻过围栏时被上部铁丝扭住四肢的，致死围栏的高度为 107～148 厘米，受伤高度为 100～113 厘米，均值为（105 ± 5）厘米。在 Harrington 和 Conover 的研究中，带有一道顶部刺丝的围栏类型较没有刺丝的围栏对有蹄类的威胁更大（Harrington，Conover，2006）。在距本地区普氏原羚成体死亡事件 50 米内，高而带有顶部刺丝的围栏出现频率高于全区水平，推测这种围栏很可能通过限制普氏原羚成体移动，限制其对关键资源的获得，增加其受伤风险与被捕食风险，从而对其构成较大威胁。

奚志农 / 野性中国

图 7-7 围栏致死的普氏原羚幼仔。A. 横向两条铁丝绞缠住前肢；B. 横向铁丝勒住腹部；C. 纵向加固铁丝与横向铁丝扭住后肢。(刘佳子 摄)

综上所述，围栏是导致普氏原羚死亡的重要因素，对于幼仔尤其如此。幼仔受伤高度为 25～70 厘米，成体为 105 厘米左右，顶部带刺丝的高围栏可能对普氏原羚成体威胁更大。为保护普氏原羚而对围栏进行改造时要考虑幼仔与成体的不同需求。

(2) 围栏对普氏原羚死亡率的间接影响

围栏可以阻碍有蹄类获得关键性资源 (Mbaiwa，Mbaiwa，2006；Loarie，2009)，使其栖息地片段化 (Hobbs，2008)，限制其对环境变化做出响应或沿迁徙路线迁移 (Bolger，2007；Fox，2009；Olson，et al，2009；Islam，2010；Rey，et al，2012)。

在北美围栏对叉角羚、黑尾鹿和马鹿的影响的研究中，围栏附近 (10 米内) 尸体密度高于其他区域 (Harrington，Conover，2006)。研究者指出，不论死因究竟是什么，围栏附近高密度的有蹄类尸体都表明围栏除了绞缠之外，还可以通过其他途径影响有蹄类存活，比如受伤、生病或营养不良的个体无力翻越围栏而死，捕食者也可能利用围栏捕获猎物（Harrington，Conover，2006）。

与之类似，哈尔盖-甘子河地区普氏原羚死亡事件倾向于发生在围栏附近，距离围栏近的地方普氏原羚死亡风险高。

不仅如此，在相同的活动强度下，有死亡事件发生的1平方千米栅格内，围栏密度显著高于没有死亡事件发生的栅格。说明普氏原羚死亡事件倾向于发生在围栏密度高的区域，或者在围栏密度高的地区，普氏原羚死亡风险高。

以普氏原羚死亡事件现场到围栏的距离作为判断围栏间接影响的指标，使用矩阵模型模拟去除围栏影响时导致的雌性种群增长率变化，发现所有情境下种群增长率变化均大于去除全部明确直接致死因素组合。去除距围栏10米以内死亡事件，与去除所有可能与捕食相关死亡事件对种群增长率的影响基本相同。最佳情景下（50米为节点；致死因素排除后，该个体可以存活至最后一个年龄段）雌性种群增长率可以提高近10个百分点，至1.084。

尽管在调查中有2/3（31/45）的雌性死亡事件无法明确判断死因，但是死亡事件现场对近距离和高密度围栏的倾向性，围栏对雌性种群增长率较大的影响程度，都表明围栏的间接影响必须引起重视。在2012年1月的调查中，曾经有两例雄性死亡个体前（后）肢有明显的围栏勒伤痕迹，前（后）蹄淤青肿大。这些受伤的个体可能会由于感染、行动不便造成营养不良或者

图7-8　右后蹄淤肿的成年雄性尸体（刘佳子　摄）

更容易被捕食（图 7-8，图7-9）。除此之外，我们的研究数据表明，围栏限制了普氏原羚对食物资源的获取（见第四章），可能在草枯期导致普氏原羚体力不足，病弱的个体遇到围栏阻挡可能因为无法翻越而最终死在围栏附近。捕食者也可能利用围栏的阻挡作用，更容易地捕获普氏原羚。

图 7-9　前肢因围栏受伤的成年雄性尸体（刘佳子　摄）

### 7.4.4　对普氏原羚“安全”的围栏高度

由于幼仔更多地选择钻过围栏，在围栏下部开辟一些“窗口”对幼仔的保护十分重要。本研究结果显示，大多数幼仔可以通过从下往上一至三道铁丝的高度（6～32 厘米），两条水平铁丝间的宽度不小于 44 厘米。普氏原羚活动区域多为牧民的冬春草场，夏秋普氏原羚产仔季围栏下部开辟“窗口”并不影响家畜管理。

一直以来，研究者都在呼吁改造围栏以降低其对普氏原羚的危害（You，et al，2013；Zhang，et al，2013；Zhang，et al，2014）。2013 年，哈尔盖-甘子河地区围栏平均高 111 厘米，成年普氏原羚只有 20% 的成功概率跳过这一高度。将围栏降低至 78 厘米（本地区 6 条铁丝高度即为 77 ± 12 厘米），成年普氏原羚跳过的成功率可以提高至 90%。由于普氏原羚能够选择低矮的围栏通过，在大面积拆除和改造围栏成本过高时，建立通道是可行的替代方案。通道处围栏高度应该不高于 71 厘米，以保证成年普氏原羚的通过成功率在 95%以上。

### 7.4.5 家畜对普氏原羚种群的影响

家畜的影响并未直接反映在改变普氏原羚的种群参数上。家畜既不能直接导致普氏原羚繁殖力下降，也不能将其致死。前一章研究结果提出，家畜与普氏原羚存在资源竞争与干扰竞争：哈尔盖-甘子河地区超载严重，普氏原羚面临因家畜资源竞争而造成的食物短缺；同时普氏原羚与家畜存在空间排斥性，家畜限制普氏原羚对高质量草地的获得，但是家畜对普氏原羚的影响并未直接反映到种群繁殖力上。

家畜通过干扰竞争对普氏原羚的空间排斥作用不可忽视。从图 7-5 和图 7-6 中可以清楚地看到，2012 年 2 月之后，大量家畜回归本研究区域的冬春草场，家畜密度显著增加，其占据的栅格数量几乎翻倍（26 到 49），而普氏原羚的活动空间却被压缩近四成（14/37）。尤其值得注意的是，4 月前家畜进入后，占据了铁路北侧无围栏区域，普氏原羚不得不迁移到有围栏分布的区域活动，降低了北侧无围栏区域对普氏原羚的保护功效。此时正值草枯期后期，应该是普氏原羚食物最短缺、体力最差的时期，迁移过程中体力的消耗可能增加普氏原羚染病和被捕食的风险，同时一道道围栏无疑是对普氏原羚的生死考验。

根据访谈，牧民认为围栏可以明确草场产权边界，防止家畜通过，从而方便家畜管理，减少邻里矛盾。围栏的种类与家畜种类直接相关，顶部刺丝仅仅用于管理大型家畜（牦牛、黄牛、马等），低矮的围栏足以明确草场产权，同时可防止绵羊和山羊通过。目前围栏建设工程与实际需求脱节，在哈尔盖-甘子河这样大型家畜极少的区域，2010 年夏季却新修建起大量对普氏原羚威胁更大的高而带刺的围栏。实际上普氏原羚所有分布区内大型家畜数量均较少，尤其是湖东、沙岛、哇玉、快尔玛、哈尔盖-甘子河铁路北、生格几个区域，这些地区建设高而带刺丝的围栏，对草地保护和恢复没有明显作用，对家畜管理没有必要性，却对普氏原羚造成致命威胁，这不仅是人力、物力资源的浪费，更对濒危野生动物的保护产生消极影响。

### 7.4.6 其他因素的影响

捕食对普氏原羚种群增长的影响具有最大的不确定性。哈尔盖-甘子河地区的捕食者只有狼（*Canis Lupus*）、赤狐（*Vulpes vulpes*）和藏狐（*Vulpes ferrilata*），其中赤狐和藏狐只能捕食普氏原羚幼仔，三种动物都可以食腐肉，致使捕食成为所有直接致死因素中最难明确判断的。捕食致死要求判定证据多，且各项判定证据都不容易保存，如果不能十分及时地发现现场，便很难有把握地下定论。如果只考虑能够明确判定的案例，捕食的影响必然被低估；而如果考虑所有可能与捕食相关的案例，则又会高估捕食者的影响。捕食致死的高不确定性极大地限制了调控捕食者在保护实践中的应用。

难产致死是个案，且并非人力所能控制。是否由外因导致尚不清楚。已知圈养雌性普氏原羚都是在出生后第二个冬季（约 1.5 龄）时参与交配，2 龄时首次繁殖。在发现的唯一一起难产致死事件中，雌性个体仅仅 1 龄，也就是出生当年 6 月龄即受孕，很有可能由于尚未发育成熟，过早参与繁殖而导致难产。

图 7-10 正在进食塑料袋的成年雄性普氏原羚（刘佳子 摄）

垃圾阻塞消化道致死属于首次报道，虽然仅有两例雌性死亡事件，但是应引起人们的重视。塑料袋的使用在哈尔盖-甘子河地区十分普遍，且没有限制，乡镇上所有小摊贩均提供免费的塑料袋。而当地既没有清理和收集垃圾的工作人员，也没有处理垃圾的场所和设施，当地居民更是没有集中处理垃圾的习惯，一般废弃塑料袋的处理都是放到炉子里烧掉或者随手丢弃。本研究组成员曾不止一次观察到普氏原羚取食塑料垃圾（图 7-10），其动机并不明确，但是塑料垃圾被普氏原羚食入后无法消化，甚至无法排出，这必将对其身体造成伤害。塑料垃圾不仅对普氏原羚造成伤害，还会破坏草原环境，况且一旦被家畜食入，也可能对畜牧业生产造成损失。因此草原垃圾的问题应当受到重视。

### 7.4.7　关键限制因素研究存在的局限性

我们在研究中应用的基于生命表的方法，需要满足两个前提假设，一是稳定的年龄分布；二是对所有个体取样概率相同，否则对存活率估计的可信性会受到影响（Caughley，1977）。但是如此严格的前提，在任何野生兽类种群的研究中都是很难满足的（Menkens，Boyce，1993；McCullough，et al，1994）。对普氏原羚年龄结构的研究报道尚处空白。普氏原羚种群中 1 龄以上雌性活体无法通过外观划分年龄段，因此无法获得野外存活种群的实际年龄分布，只能依据哈尔盖-甘子河这一地区环境因素近 10 年没有剧烈变化，没有发生大规模特定年龄段个体死亡事件，来推测本区域种群可能具有较为稳定的年龄分布。我们使用生命表估算普氏原羚种群增长率，虽然样本量较小，不确定因素多，但作为初次尝试，对今后的研究工作的积累和改进都有积极意义。

无论是时空差异所导致的实际变异，还是取样、测量误差都会影响弹性分析结果的次序（Mills，et al，1999）和绝对数值（Gotelli，1991；Kalisz，McPeek，1992；Benton，Grant，1996；Wisdom，Mills，1997；Crooks，et al，1998）。因此，使用一套没有变异的参数均值得到的弹性分析结果，存在误导的可能（Wisdom，et al，2000）。需要长期系统的调查才能了解各个参数的变异性，从而得出更加可信的分析结论。

我们对哈尔盖-甘子河地区普氏原羚种群进行了多年的观察，对于真正了解一个野外种群而言，这仍然是初步的，还需要更多的研究人员、更长时间的积累才能预测种群的发展趋势。

由于人力限制，我们未能得到哈尔盖-甘子河地区尤其区分铁路南北两侧普氏原羚种群的年死亡率，因此，在涉及普氏原羚种群死亡率的比较时，使用了大量间接证据。野外观察濒危物种死亡个体难度大，我们所获得的普氏原羚死亡事件样本量不算大，同时相当部分死亡事件的死因难以确认，对死亡个体的营养状况分析也受到样本量影响，未能得出有价值的比较结果，对结论的说服力有一定影响。只有通过更长期、更大力度的工作方可收集到更加详细的死亡率、死因以及其与环境因素关系数据，进而得到更有说服力的结论。

普氏原羚幼仔通过围栏行为难以观察到，尤其是当幼仔钻过围栏时，很难确定钻过的具体位置并进行测量。如果能够积累更多的数据，可以模拟得到更加精确可信的结果。

我们通过本研究证实，普氏原羚能够主动选择低矮的围栏翻越，因此，为普氏原羚建立适合它们翻越的通道是可行的。今后需要进一步的控制实验来明确通道建立的间隔距离，以降低保护成本，提高保护效力。

# 第八章

# 普氏原羚的保护

在我们的普氏原羚研究开始之前，已经有多个机构的研究者，针对这个物种进行了长期和深入的研究，积累了很多数据资料。我们的工作是在这样的基础上开始的，而且希望在保护实践的应用上取得更多的进展。因此，我们的研究首先是以实际的保护问题为导向的，比如针对围栏的影响，或者针对死亡因素的调查；其次，我们在研究的过程中，与相关政府管理部门和非政府保护组织无缝地合作，实时从这些合作者那里获得研究的问题和方向，研究中所获得的结果也实时反馈给管理者和保护者，并参与管理和保护计划的实施。实际上我们很幸运地获得了在野外研究中控制部分条件的难得的机会。这个过程，无论对于研究，还是保护都是最好的机会和有益的尝试。

奚志农 / 野性中国

## 8.1　与普氏原羚保护相关的研究结论

针对普氏原羚进行的 6 年的研究，使得我们对这个物种保护上面临的问题有了进一步的认识，在前面章节中做了详细的阐述。这些研究结果中的大部分对于保护管理将具有重要意义，这里再次归纳如下：

(1) 野生种群的规模和分布现状

目前野生普氏原羚超过 1300 只个体，种群的自然栖息地围绕在青海湖周边，涉及刚察、海晏、共和和天峻四个县，呈现出典型片段化的分布。栖息地被隔离成 8 个距离不等的区域，即元者区、湖东克图区、哈尔盖-甘子河区、塔勒宣果区、鸟岛区、生格区和哇玉区。总的种群数量在 2010 年这个节点上不低于 1320 只。

(2) 种群数量的变化

自从人们开始关注普氏原羚，对其数量的报道整体呈现上升的趋势，从 20 世纪 80 年代中期的 200 只左右，到 90 年代 IUCN 评估所采信的 300 只，到本世纪初的 600 只，我们的调查结果超过 1300 只，这个结果也为其他研究机构平行的调查结果所印证。因此，总体上我们可以相信：近 30 年来，普氏原羚整体的种群数量呈现上升的趋势。

但是，总体种群的上升，更多的贡献来源于新的分布区的发现、调查强度的增加和少量已知种群数量的上升，这使得我们对种群上升这个信息的乐观程度大大降低。同时，整个野生种群处于严重的片段化状态之下，每个相互隔离的地方种群数量变化趋势是不同的。研究前期的调查结果显示，原来的切吉种群已经大大下降，甚至可能已经局部绝灭了，可能的原因包括栖息地质量很低、偷猎和大型工程建设等，减少的过程很可能是数量减少和种群迁出（迁至哇玉）同时发生。鸟岛种群即使在短期内发生增长，也还是难以完全避免小种群在偶然事件下面临下降和灭绝的风险。

(3) 围栏和家畜（畜牧发展）对普氏原羚保护的负面作用

① 围栏对于普氏原羚的分布具有负面的影响，是普氏原羚保护的一个障碍。

影响普氏原羚空间分布的最主要因素是围栏密度和带刺围栏的比例。虽然围栏对普氏原羚来说不是不可逾越的障碍，但围栏密度的增加和刺丝的使用会降低普氏原羚使用该区域的强度。另外，围栏密度与植被生物量显著正相关。因此，围栏减少了普氏原羚对高质量草地的获得。

普氏原羚分布区比其周围的非分布区的草地生物量低，但非分布区的人为干扰、围栏密度、围栏高度都高于分布区。人类活动加上围栏，很可能是限制普氏原羚由目前的分布区向外扩张的主要原因。

② 围栏对于草地的恢复没有显示出正面作用。

比较不同围栏密度区域 10 年间草地生物量的变化，可知造成目前围栏密度与草地生物量显著正相关的状况的原因在于，牧民趋向于在好的草地上建造更多的围栏，而非高密度的围栏促进了草地的恢复。不同围栏密度区域草地的变化情况没有显著差异：高密度的围栏没有起到促进草地恢复的作用，也没有使草地状况变差，即没有引起所谓的“分布型”过牧。通过对牧民的访谈发现，牧民一致认为围栏在管理家畜放牧活动、减少邻里矛盾上非常有效。

牧民对围栏的期望不在于改善草地的质量，而在于减少日常放牧活动中的人力投入和纠纷。

③ 家畜通过干扰竞争影响了普氏原羚的种群增长。

数据分析显示整体上，家畜和普氏原羚之间表现出空间排斥性。虽然这种排斥性可能更大程度上是由围栏、草地生物量等因素共同引起的，但其结果是普氏原羚对高质量草地的获得受到限制。由此说明，家畜和普氏原羚之间存在干扰竞争。

因为家畜和普氏原羚食物组成的相似性，两者之间可能存在资源竞争。除天峻外，其他几个分布小区的草地生物量都不能满足家畜的饲草需求，哈尔盖-甘子河 _ 北、哈尔盖-甘子河 _ 南、元者的草地过牧情况最为严重。普氏原羚种群面临食物短缺的困境，它们不但在枯草季没有额外的食物补充，而且围栏和人类活动的阻隔作用，更限制了它们对高生物量草地的获得，从而加剧了其食物短缺的程度。

(4) 死亡率过高是限制普氏原羚种群增长的最关键因素

通过对哈尔盖-甘子河区域种群的细致研究，可以得出死亡率是限制普氏原羚种群增长的关键参数。普氏原羚的直接致死因素为：围栏、捕食者、塑料垃圾和难产。其中围栏的影响尤为重要：围栏不仅可以直接导致普氏原羚死亡，而且间接增加普氏原羚死亡率。

## 8.2　普氏原羚的保护建议——来自于研究和实践

### 8.2.1　增强对普氏原羚保护的认知和重视

从表面上来看，在过去的 30 年里，普氏原羚的种群数量从 300 只左右，增加到 1300 只以上。在 IUCN 的红色名录里，评估等级从极度濒危（CR）下降到了濒危（EN），一切显得对这个物种的保护已经显出效果，可以期望不久的将来这个保护项目获得实质性的成功。但是事实没有那么乐观：如前所述，严重片段化的种群，其中部分地方种群还在下降，甚至局部绝灭，整体种群并未脱离小种群灭绝的风险。而其生存栖息地所面临的压力，种群面临的威胁，可以说有增无减。这种情况下，IUCN 在生存状况评估上对普氏原羚的“降级”处理，客观上可能起到误导的作用。现在远远没有到对普氏原羚的未来生存可以放心的时候。

事实上，普氏原羚这个全球最濒危的有蹄类物种之一，从来没有受到过应有的关注。从公众层面来讲，即使在青海省内，人们对普氏原羚的认知程度也是非常低的，甚至其分布区内的部分牧民都把这个物种与藏原羚混为一谈。而在政府层面，除了作为主管部门的林业厅和青海湖国家级自然保护区管理局，其他部门基本不关注。但是，政府部门，尤其是主管畜牧业的农牧厅系统和主管旅游的相关厅局、管委会，对于普氏原羚的保护都将起到关键影响，没有他们的协调和配合，成功是无法指望的。

在以上背景下，提升普氏原羚保护在公众和相关政府部门中的重视程度，才能更好地筹集和协调资源。

（1）公众宣传

科研工作者的研究结果，应该通过通俗而准确的表达方式，同政府部门、非政府组织和媒体合作，以最有效的方式把普氏原羚保护价值以及面临的问题，传达给最广大的公众受体。可能普氏原羚无法得到像大熊猫一样的受关注程度，但是真实有效的信息传递，对公众进行宣传教育，提高公众意识，是普氏原羚保护必需的一环。

(2) 部门协调

增强政府部门之间关于普氏原羚保护工作的协调性，一方面是增强各个部门对普氏原羚保护的认知和共识，并且把保护的成效作为评估该部门工作的一项指标；另一方面要找到一个强有力的协调者，进行各部门利益的协调。因为保护普氏原羚的行动中各部门协调不够的原因，除了认识和重视程度之外，还有部门利益。比如在围栏的问题上，农牧部门可以以此获得国家的建设投资，因此在我们与相关部门认真地交流了我们的研究结果的情况下，围栏建设依然有增无减。目前的局面是，在同一时期由林业部门主导的保护项目努力拆除和改造的围栏，远远少于农牧部门投资新建的围栏。如果没有部门之间的统一协调，普氏原羚的保护将成为一场“赢不了的战争”。

(3) 保护区加强管理

青海湖国家级自然保护区是国际重要鸟类湿地，同时还保护着4000多平方千米的湖面及湖中的水生资源，普氏原羚当然也是这个保护区的重要目标之一。由于保护区的物资和人力资源有限，而且普氏原羚生活的区域还都在当地牧民的草场上，给保护管理增加了难度。因此，把至少一部分重要的普氏原羚栖息地纳入保护区的核心区管理范围，增加投入，以保证核心种群的安全，是非常必要的。比如，在青海湖北岸的栖息地全面拆除围栏，实施禁牧，并且尽可能建立相邻种群交流的通道来帮助普氏原羚。这样做会涉及当地牧民的利益，需要大量的资源调配和行政协调工作，工作难度较大，不过，我们可以借鉴和参考该区域已有的草场有偿使用的办法和价格，合理组织资源，将保护工作逐步推进。

### 8.2.2 普氏原羚的保护可以尝试让民间和当地社区发挥更大作用

政府部门，包括青海省林业厅、青海湖国家级自然保护区管理局和普氏原羚分布区四个县的森林公安局在目前的保护项目中起到了主导作用。在具体的实施过程当中，非营利的民间组织起到了关键的执行作用。北京山水自然保护中心在保护项目中与各个政府部门合作，并协调当地牧民执行保护项目中设计的活动。他们在保护中所起到的关键作用弥补了政府部门的一些不足。通过与项目利益相关者的顺畅交流，了解利益相关者的需求，向他们解释项目的意图，推动项目的执行，在项目开展中起到了很好的桥梁作用。从北京山水自然保护中心在普氏原羚保护中所发挥的作用，可以看到非营利保护机构可以在类似的动物保护工作中的作用。

协议保护的方式在普氏原羚保护项目中得到了尝试和发展。协议保护是由在中国的保护国际基金会（Conservation International，CI）介绍进入中国的保护方式，主旨是鼓励和组织当地人成为保护项目的发起和执行者，并由外部提供技术的支持（项目策划和培训）以及启动的资金。北京山水自然保护中心使用这个方法进行了围栏拆除和改造的行动，取得了效果。

在项目的执行过程中，我们看到了当地社区开展保护行动的热情和潜力。普氏原羚分布区大部分是藏族区域，信奉藏传佛教，主张善待生命，因此，藏族牧民对普氏原羚持有更为宽容的态度。一个典型的事例是，家住湖东的阿合洛老人为了让一群普氏原羚能继续在他家的草场上吃草，将自家的牛羊赶到租来的草场上放牧。这样的事例让我们看到了在藏族社区里进行保护的内在潜力。已经开展的协议保护尝试也证实了这种潜力。因此普氏原羚保护的一条重要途径就是与当地社区合作，我们要给予社区的是：鼓励、技术支持、资金支持和效果评估，并且帮助社区找到可持续发展的方法。

### 8.2.3 针对围栏必须采取行动，或改造，或拆除

围栏对于草场的恢复并未产生正面的作用，而拆除部分围栏至少可以有效地减少围栏对普氏原羚的危害。拆除工作应首先从高围栏密度区域展开(每千米样线上围栏数量达到4道)，这些区域约占总体的1/5，且基本分布于青海湖的东部和北部区域（图8-1）。如果整体拆除围栏困难较大，可以考虑适当地降低围栏高度，最好将围栏高度控制在0.70米以下。另外，拆除围栏顶部的刺丝也可以减少围栏对普氏原羚的影响。由于大部分牧民认为围栏对于管理家畜和减少邻里矛盾很有用，不愿意拆除围栏，因此，在做出任何需要改变围栏现状的政策决定之前需要进行充分的社区工作。小组形式的牧户联合经营，即几个家庭（邻居或是亲戚朋友）共用草场、联合放牧可能是一种有效的解决办法。这种方式既可以拆除小组内部各家庭草场边界的围栏，降低围栏的密度，同时又不会产生邻里矛盾。

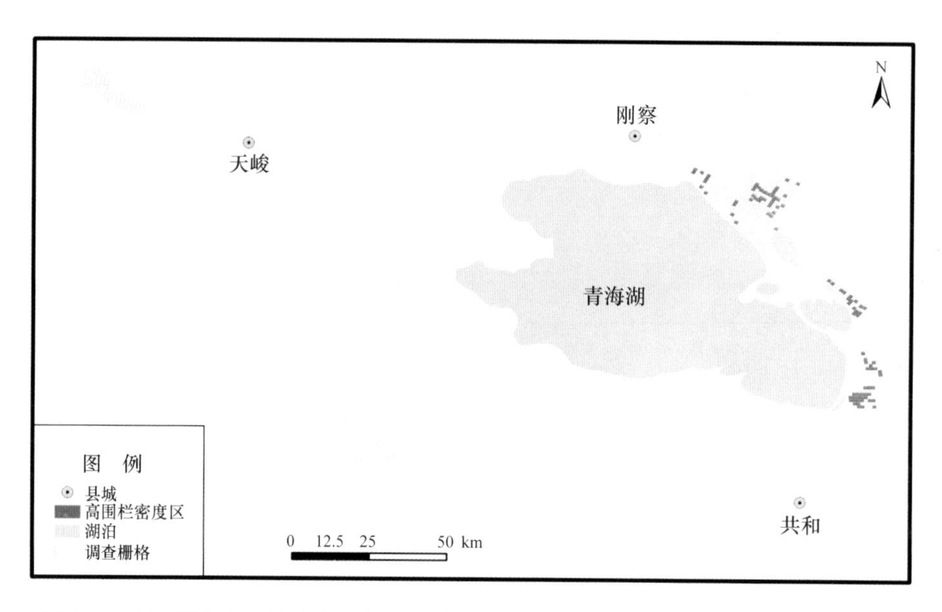


图 8-1 高围栏密度区域在整个普氏原羚分布区中的位置

围栏拆除工作的开展比较困难，一方面由于部分牧民不愿意，另一方面因为增加围栏建设是农业部草原政策的一个重点。所以围栏的建设既有认识上的原因，也有部门利益的原因。我们所要做的是传递更多这样的信息：高密度的围栏并不能促进草原的恢复，单纯强调建设围栏的长度或草原围栏面积并不能达到改善草原植被的目的，草原围栏建设宜适量，不宜硬性要求建设一定长度或高度的围栏或围封一定面积的草原，更不宜作为衡量草原保护建设工作的指标。

要及时拆除和清理废旧围栏。在 2010 年 9 月新的围栏建设工程结束后，很多地区与新围栏并行的废旧围栏没有得到及时地拆除清理，在草原上出现了“双层围栏”，增加了围栏密度和通过难度，加剧了对普氏原羚的威胁。虽然废旧围栏通常残破较为低矮，但是其铁丝软易弯折，与新围栏共同作用时更容易绞缠住普氏原羚的四肢。除此以外，不再发挥实际功能的围栏也应当定期进行清理。

在全部拆除围栏还无法做到的情况下，需要及时决定哪些区域应该优先拆除。根据在哈尔盖-甘子河区域的研究，我们总结出以下原则：

① 产仔季普氏原羚母幼集中的区域（图 8-2）应当作为围栏拆除与改造的

重点，以降低其对待产、育幼雌性以及新生幼仔的危害。在此区域内尽量将围栏高度降低至 70 厘米以下，并且去除顶端刺丝。围栏底部应当距离地面 40 厘米以便幼仔通过。如果底部空隙过大会影响对绵羊的管理，可以考虑将围栏底部改造成可拆卸形式。由于普氏原羚活动区域常常是牧民的冬春草场，因此在夏季产仔季可以将幼仔通道打开；当家畜回归冬季草场时，再将其关闭。

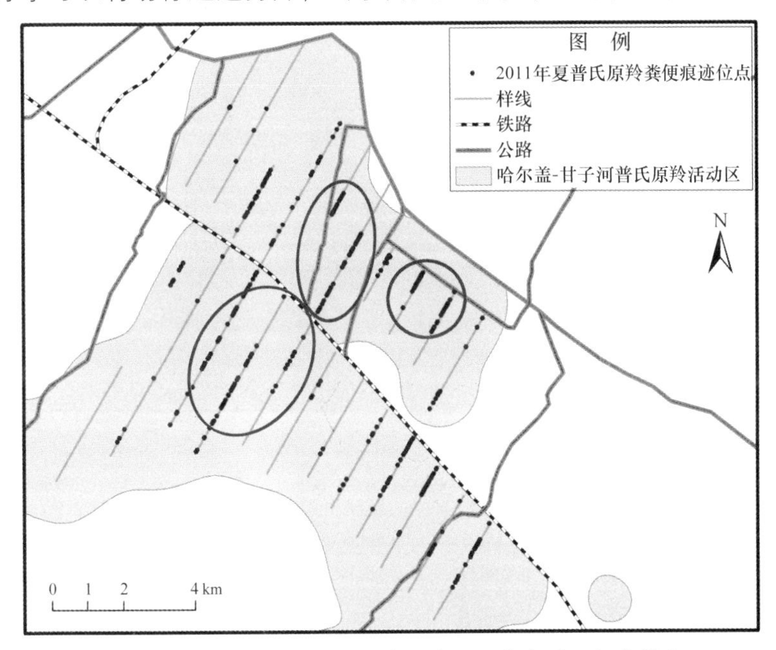


图 8-2 产仔季普氏原羚母幼集中的区域需要优先采取保护措施

② 在冬春季普氏原羚活动较为集中的区域拆除和改造围栏（图 8-3）。围栏顶部刺丝的主要作用是防止牛和马等大型家畜压倒围栏，从而方便管理大型家畜。因此，在以绵羊为主，牛、马极少的区域可以将围栏顶部刺丝拆除，高度降为 70 厘米以下。在本地区 2012 年 4 月的调查中，牦牛和马数量仅占家畜总数量的 1.8%。2009 年湖东、沙岛、哇玉、天峻地区的家畜组成中，牛和马的数量均低于 5%，因此，建议优先考虑在普氏原羚活动集中的地方拆除刺丝，降低围栏。哈尔盖-甘子河铁路南北各有一小块区域，普氏原羚活动频繁且家畜组成基本没有牦牛或者马，应当优先拆除刺丝降低围栏（图 8-4）。在其他畜养牛和马的普氏原羚活动区可以保留刺丝但将围栏总体高度降为 70 厘米以下，同时顶部刺丝与首道无刺铁丝间距不要超过 3 厘米（Harrington，Conover，2006）。

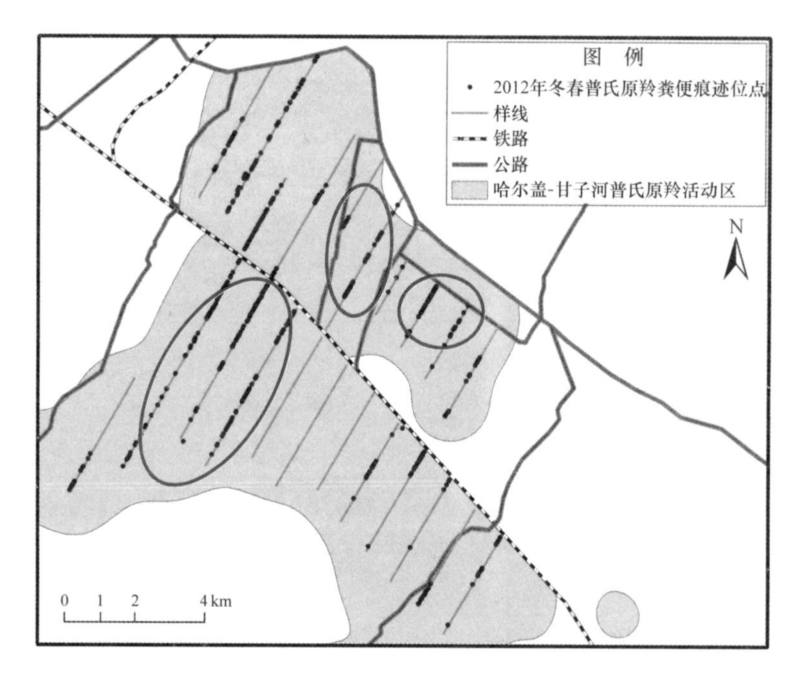


图 8-3 冬春季普氏原羚活动较为集中的区域需要优先采取保护措施

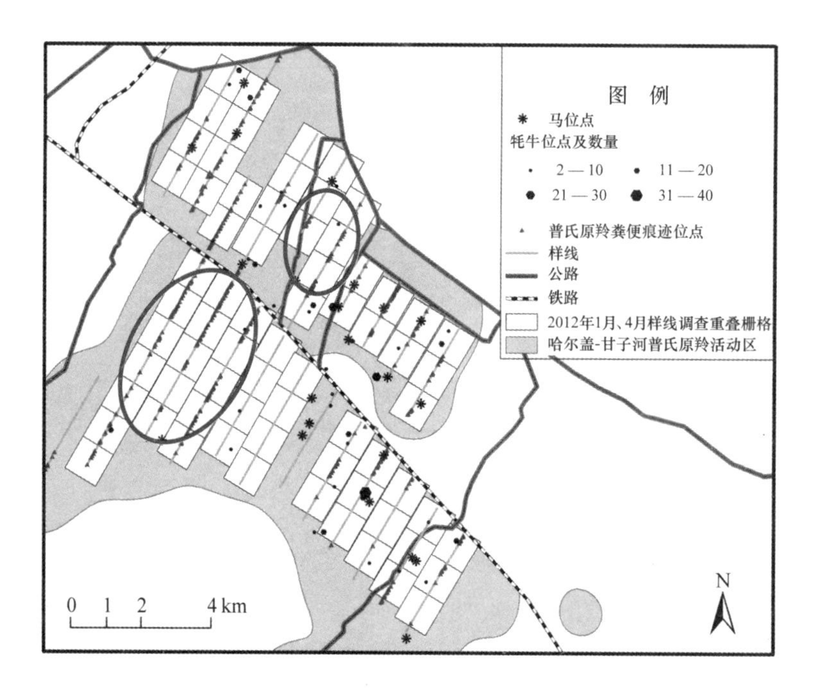


图 8-4 2012 年 1—4 月哈尔盖-甘子河地区牦牛与马的分布

③ 通过拆除围栏，形成面积较大的普氏原羚庇护空间。

2008 年，青海省林业厅、北京山水自然保护中心与保护国际开展的协议保护项目覆盖铁路北侧普氏原羚特护区，在特护区内的围栏全部被拆除，与哈尔盖河滩草地联通，形成一块大于 10 平方千米的无围栏区域（约占铁路北侧有普氏原羚痕迹区域的 38%），对哈尔盖-甘子河铁路北侧普氏原羚种群的发展起到了积极的作用。同样，在哈尔盖-甘子河地区铁路南侧，可以尝试将普氏原羚活动较为集中的一小块区域（10 平方千米左右，约占铁路南侧有普氏原羚痕迹区域的 35%，参考图 8-3）内的围栏全部拆除，作为目前铁路南侧种群的庇护所，以降低普氏原羚的死亡率。如果效果明显，可以尝试推广到目前种群状况堪忧的其他普氏原羚分布区。与大范围拆除改造围栏相比，这一措施可能更加简单易行，并在短期内取得较好效果。

### 8.2.4　对家畜的管理和控制

家畜对普氏原羚种群存在负面影响，所以可以通过适当地降低家畜密度来促进普氏原羚种群的恢复和发展，同时这也有利于草地状况的维持和改善。青海湖北部的哈尔盖-甘子河区域和青海湖东部的元者区域的家畜密度较高（图 8-5），且单位家畜能够从草地获得的饲草量少，冬季需要补充大量饲草，减畜工作可以尝试在这些区域首先开展。使用 MODIS 提供的增强型植被指数（EVI）能够很好地推算草地生物量，减畜的目标应该是使单位家畜每天能够从草地获得的饲草量不少于 1.42 千克。如果能够在每一个分布区内都划出一块没有家畜放牧和人为干扰的草地给普氏原羚，就可以显著地改善普氏原羚种群的生存状态，加快种群的恢复和发展。在目前普氏原羚种群数量很少的情况下，所需的草地面积并不大：一块 1 平方千米的中等生物量（平均 EVI 为 0.2）草地可供养约 45 只普氏原羚。让出 30～40 平方千米的草场对青海湖周边的畜牧业影响有限，但对于普氏原羚的保护则可能影响深远。同时，如果能够将对普氏原羚的保护投入纳入国家的草原生态保护奖励体系中，那么减畜和让出草场的家庭就可以从中央财政提供的资金中获得补偿，牧民的生活不会受到太大的影响。

对于划定的禁牧区要严格管理。比如哈尔盖-甘子河铁路北侧无围栏区域属于“普氏原羚特护区”，但一直以来这一区域是当地青海湖农场与公贡麻村

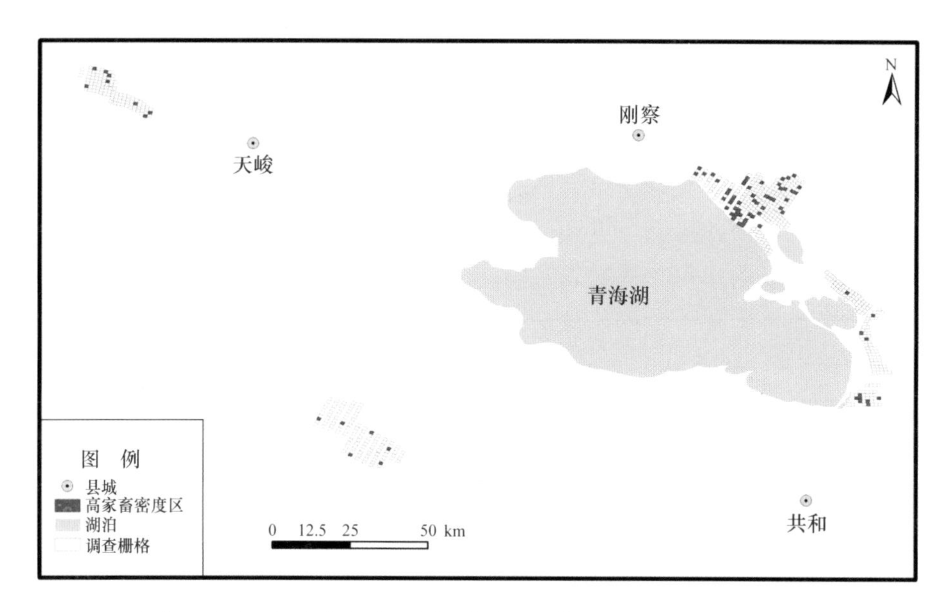


图 8-5 高家畜密度区域在整个普氏原羚分布区中的位置

的争议地，目前边界与归属问题尚未解决。因此每到初春，就有大量公贡麻村牧户在这一区域放牧，使得普氏原羚被驱赶迁移至有围栏的区域。因此，政府应当尽快明确该区域的管理使用权，如果归属农场，应该严格按照“退牧还草”项目要求实施禁牧，全年严禁家畜进入。

在部分对普氏原羚敏感或关键的季节应该实施特殊的放牧管理。比如，草枯期调控家畜放牧时间和区域。普氏原羚冬春季活动较为集中的区域，可以考虑通过协商、补偿饲草等方法调控家畜轮牧时间和地点，为普氏原羚在艰难的草枯期保留生存空间。

事实上，相对于普氏原羚栖息地里数百万绵羊单位的畜牧量，1000～2000 只普氏原羚不会对草场产生重大影响，而良好的畜牧管理产生的变化是不可估量的，更多地在空间和时间上合理安排家畜的利用，无论对草场还是野生动物都会有正面的作用。在这方面，普氏原羚的保护需要畜牧专家的贡献。

### 8.2.5 普氏原羚每年繁殖季节的保护

每年 6—9 月期间是普氏原羚生产和育幼的季节，涉及幼仔成活率这个种群增长中的关键因子，因此应该加强在各个分布区中普氏原羚栖息地的管理。6—8月是旅游的高峰季节，对于大量游客的管理成为保护普氏原羚的一个挑战。在这期间需要注意两个关键环节：

① 在每个分布区确定产仔和育幼的重要场所，进行重点管理；

② 与旅游管理部门和当地牧民沟通、合作，管理和监督游客的到达地点和旅游行为。

### 8.2.6　对于普氏原羚种群的不间断监测

一个野生动物的小种群，在偶然的环境剧烈变化或者人类干扰的情况下，存在很大的灭绝风险，因此不间断的监测是必要的。为了能够掌握动态，监测的方案应该是标准化、易于掌握和持续的。监测的主要内容至少应该包括：种群数量、分布范围、种群出生率和个体死亡信息。尤其对于在过去几年数量有所下降的种群，比如湖东和切吉更应如此。具体包括：

① 每年冬季进行种群规模调查，8—9月进行生育率调查，全年依照固定的时间间隔进行死亡事件调查。同时注意规范记录：性别必须依据明确的性别特征或者通过遗传学方法判定；对于死亡个体的年龄，必须有头骨或长骨与标尺相对比方可判断。严禁将依照所谓“毛色”“毛软硬程度”等非标准化判据推测死亡个体性别、年龄，并不加注明地写入记录中。收集到的样品要做系统的编号和记录。

② 监测普氏原羚活动区域变化。建议在已知活动区域和种群调查记录的基础上，间隔两年在相同季节使用样线法记录普氏原羚粪便痕迹，划定其活动范围。

③ 完善牧民协管员监测、巡护、报告体系。目前已有牧民协管员在保护宣传、防止偷猎及普氏原羚死伤事件报告等方面起到了重要作用，应进一步完善这一体系，明确职责权利，规范其记录和报告内容。

### 8.2.7　其他

我们的研究到目前为止无法针对所有的可能威胁因素，但是所获的信息都应该转化成为对保护的建议，这里还包括：

① 由于普氏原羚的致死因素里包括取食塑料类垃圾，因此建议在牧区控

制塑料袋的使用，对牧民进行环境教育，让他们了解垃圾对草原生态的危害，改变当地居民随手丢垃圾的习惯，并且完善垃圾集中处理的配套设施。将定期清理草原垃圾设为牧户协管员工作内容，在其完成监测和巡护任务的同时负责清理普氏原羚分布区内的垃圾，尤其是塑料袋。而清理草原垃圾，正是人、家畜和普氏原羚的共同利益所在。

② 在一些区域（这里主要指切吉），有明显的偷猎痕迹，这可能是这些地方种群疑似消失的原因之一。所以，偷猎的存在对小种群的危害是极大的。事实上，偷猎永远是小种群保护的重大威胁之一，反偷猎永远是保护珍稀野生动物的必要措施。

刘佳子　摄

# 补记兼致谢

对几年工作总结的过程，也是回忆那些野外工作的点点滴滴的过程。我们通常把野外工作简单地描述成“数羊”。不知道是不是真的有人靠“数羊”来入睡，而我们的野外工作真真切切地是在“数羊”。

事实上，野外生态学数据收集的本质就是对各种目标的“计数”。我们在青海湖边每天的工作就是数普氏原羚，数家畜，数房屋，还要重复多次地数。进一步，我们还要去数围栏，数普氏原羚的粪便，数绵羊的粪便，数狼的脚印，数草的种类。与一般的计数不同的是，我们必须预先设计好什么时间，到哪里去数，还要知道这些数字拿回来以后怎么用。可以想象，在广阔的草原上，连续6年，重复地去“数”各种目标，加上对围栏的测量，对牧户的访谈，这不是几个人的团队所能够完成的任务。

### 吴永林

我们有很多同事、合作伙伴和志愿者参与研究，这其中第一个必须被提到的人是吴永林。吴永林供职于青海湖国家级自然保护区管理局的保护科，他在我们项目开始之前就十分关注普氏原羚，积累了很多的经验和资料，所以他很快成为我们野外工作“破冰”的关键人物，在他的指引下我们得以迅速掌握了普氏原羚所有分布区的状况。他成为我们野外工作团队的核心人物之一，也成了我们亲密的朋友，他的名字逐渐被一些更加亲切的称呼所取代。

张璐和刘佳子很快而且很自然地称呼吴永林“Uncle”，亲切也略带调侃，其实也符合他们之间的年龄差距。“Uncle”开始并不理解这个单词的意思，但还是十分得意，逢人便炫耀说：我有了英文名字了，叫Uncle。当他明白这

个词的意思后更是欣然接受，而且真的担负起了一些长辈对晚辈的照顾责任。

在野外工作中，吴永林始终把自己当做研究助手，非常认真地完成工作，所以他获得了更加响亮的名号——“样线王”。我们的样线是两个定点之间的直线，需要拿着 GPS 导航。“Uncle”开始不太会用 GPS，我们只是专门给他培训了一下。第一天晚上回来看航迹，直线被走成了抛物线……于是再次对他进行培训，重点强调他一定得跟着导航走直线，千万别走偏了啊！第二天开始他“爆发”了，遇坡就爬，遇坑就下，严格循着导航走，每天的航迹成为无可挑剔的直线！这当然受到大家的表扬。直到某天下午回来他非常忐忑地说：“坏了，今天路上遇见一房子，看半天也没想到怎么爬过去，最后还是绕了，没事吧?”“样线王”就是这么产生的！

野外的工作条件在有些季节略显严酷，冬天的严寒和夏季蚊虫都是必须面对的。偏巧那次中招的是吴永林，毒蚊子恰恰叮在了他的嘴唇上，于是患处肿成了香肠状。大家虽然心疼，但是还是很不厚道地想起了香港某电影的场景，“样线王”又临时获得了一个“西毒”的名号。

虽然我们不知道该如何准确估量吴永林对这个项目的贡献和价值，但相信这本书的出版是对他最好的回报。

### 激动、 感动和温暖

野外的生活多少有些艰难和不便，但是时时发生的激动、感动和温暖构成了这个过程的主旋律，它们有些来自自然，有些来自朋友，有些来自生活中的新的体验和感悟。

我们清楚地记得在沙岛观察到两只狼对普氏原羚群发动的攻击。我们在进行冬季种群调查时，某天早上在沙岛“数羊”，还没数完，羊群就突然骚动起来往一边跑，而另一边两个黑点正快速接近中。我们还疑惑了一下那是什么，牧民家的狗？再仔细看了看，居然是狼啊！两只狼的一次不成功捕猎！自然界这样的生存竞争的活剧，在眼前上演，对于野外生态学研究者来说，这无疑是值得激动的。

记得夏天的天峻清新迷人，就是雨下得多了点。调查期间我们借宿牧民家，牧民给了我们一顶独立的帐篷。由于防潮垫有限，我们五个人裹着睡袋排排睡，挤得翻身都得一起行动。下了一夜的雨，早上醒来大家都奇怪怎么比昨晚睡下的时候更挤了呢？左右一看，嗬，最边上小程的旁边空出一个人的位置，大剌剌地卧着只小山羊，正在熟睡。人和动物可以相处得如此融洽，大家顿时感觉真好！

张璐是个南方人，在青海第一次睡火炕，感慨很多：刚睡下觉得真舒服呀，暖暖的，然后半夜发现这炕太给力了，烙完一边翻个身烙另一边！辗转反侧之间终于想明白，原来“老婆孩子热炕头”的“热”是形容词不是动词啊……

青海湖周边几个大的乡镇，比如西海镇和恰卜恰，是我们每次调查结束或中间休息时的选点，几次和当地合作伙伴的欢聚都发生在那里。青稞酒逐渐加速大家的血液循环，开始放歌高唱，藏歌、民歌、流行歌曲和英文歌。“样线王”吴永林每到半酣时就会提议“我唱个歌，看你们能不能说出歌名”，结果每次都是同一支歌。后来每到他提议，没等开口，大伙会齐声说出答案“过雪山草地”，然后是大笑。一次在西海镇喝过酒，唱完歌，已经半夜，意犹未尽的队员提议“让我们快乐地奔跑吧”。第二天这成为了大家的笑谈，今天回想起这些却感觉到一种有阳光味道的温暖。

刘佳子在青海湖边爱上了藏袍和藏语，于是请人订做了一件，在青海湖边工作时穿在身上，还努力学习了藏语，在牧户访谈时用藏语做准备和提问。无疑她的发音不错，被访者貌似听懂了，于是很配合地仔细回答问题，这时佳子才发现听不懂答案。更加有趣的是，爱上藏袍的佳子回到北京仍然保持

着青海湖边的着装，于是穿着暗红色藏袍、蹬着滑板的她成了燕园的一道风景。有一天她在食堂吃饭，引得旁边一位白发老奶奶关切地询问："姑娘，我们这里的饭你还吃得惯吧?"

张璐完成毕业论文答辩以后，我们专程去西宁，给我们的合作伙伴们送论文，同时感谢大家一直以来的帮助。青海林业厅、林业厅项目办公室、林业厅动物管理局和青海湖保护区的合作伙伴被请到一起，便餐答谢。没有想到的是，前来的每个人都像家里的长辈或者朋友，准备了毕业礼物、红包伴随着真挚的祝贺送给张璐，使得那次本以为有些"官方"的活动，真的成为了家里人一样的聚会。

最不能忽略的故事发生在佳子身上。2010 年张璐完成了野外数据收集，开始数据分析和写作的内业工作，师弟卜红亮成为佳子最重要的野外助手。四年后，佳子完成了学位论文，红亮积累了野外工作的经验，更重要的是 2014 年他们二人正式组成了家庭。在我们看来这个成果的重要性不输于好的研究论文的发表。现在，佳子正在红亮的野外研究项目上协助收集数据呢。

佳子的调查有大量大学生志愿者的参与，这些来自五湖四海的年轻人，让后期的每一次调查都成了一场青春的聚会。大家或欢声笑语，或精疲力竭，一起感受着高原明烈的阳光、刺骨的寒风，同时也结下兄弟姐妹般的情谊。从 2009 年起，王蕊作为志愿者协助张璐开展调查，之后又陪伴佳子度过了三个年头的寒暑假。她曾经在零下三十度的寒冬，每天步行 12～16 千米进行调查，有时累得鼻血不止，但是当佳子邀请她两个月后再次帮助调查时，她毅然同意。在最艰苦的冬季调查中，马秀玲、拓春霞、冯浪听说人手不够，毫不犹豫地加入调查队伍。这些单纯、真诚的孩子，带来了太多的感动。

把野外研究中那些让人激动、感动和温暖的点滴都写出来，将是更厚的一本书了。而这些也是科学追求之外，支撑我们愉快工作的基石。

### 更多的感谢

虽然仍然有可能遗漏，我们还是试图对所有曾经贡献于这个项目的人和机构作出感谢。

这个项目的开始是依托于几个机构合作的生物多样性保护项目，这些机构包括北京山水自然保护中心、青海省林业厅（项目开始时叫青海省林业局）

以及美国保护国际基金会。北京大学作为项目的科学支持机构参与其中，主持研究方面的活动。这个过程实际上是无缝结合的保护和科研综合项目，所有的工作都是不分彼此地一同进行的。

青海省林业厅项目办公室有一个高效的项目团队，张莉主任不仅组织和运行着这个团队，更给我们这些远道而来的研究人员在青海营造了一个“家”一样的大本营。副主任祁承德解决了我们所有的后勤安排。项目办公室中几乎每一个成员都参与了我们的调查工作，其中多次直接参加野外工作的人有：张鹏、尤鲁青、曹倩、程建兴、季春、王义生、李文利、屈林海。

北京山水自然保护中心和美国保护国际基金会的保护项目团队也是始终并肩工作的伙伴，杨彪从一开始就参加了野外的调查工作，他本身就是一位训练有素的野外研究专家，对项目贡献良多；何欣作为社区保护的负责人，提供很多的帮助；耿栋所负责的宣传项目，为研究项目的开展提供了很多素材；特别要提到的是马海元，他至今仍然参与着普氏原羚的相关活动。

我们北京大学的团队是整个工作的坚强后盾。这个团队中的每一位老师和同学都曾经在这个工作的不同阶段给予了帮助。我们很幸运能够在这个团队之中。这里必须提到的是直接参与野外调查的几位同学：齐瑞娟、李娟、王放、卜红亮、肖凌云和朱子云。同时也要特别感谢王放在数据分析方面提供的帮助。

青海湖国家级自然保护区管理局，是我们项目区域的直接管理者，他们除了派出吴永林这样的项目关键人员，还有很多人员参与其中，比如，孙建青参加了野外的调查。而这些支持的背后，我们必须感谢星智局长和何玉邦副局长的安排。

林业厅动物管理局的同事之前积累了多年的普氏原羚相关资料，他们直接参与了我们的野外工作，张毓更是对项目有诸多直接贡献。

我们在野外工作期间，实地的直接参与人员多数来自各个县的森林公安局，如刚察县森林公安局、海晏县森林公安局、共和县森林公安局和天峻县森林公安局。其中海晏县森林公安局的赵海清，对我们帮助尤其关键，他可以流利使用汉语、藏语和蒙语，还能够在沙漠中熟练驾驶车辆。湖东种羊场和青海湖农场的工作人员也为我们的野外工作提供了便利条件。

几位科学家在项目中给我们提供了帮助。感谢 Wildlife Conservation

Society（WCS）的 George B. Schaller 博士，他帮助进行研究设计，参与野外调查，为本研究的顺利开展奠定了基础；WCS 的章克家博士参与了前期的工作，并且贡献了他在这个项目上已有的积累；美国史密森学会的 William J. McShea 博士在研究设计、数据分析方面提供了帮助；University of Montana 的 Richard B. Harris 博士和印度 Nature Conservation Foundation 的 Charudutt Mishra 博士对数据分析给予了帮助；北京大学的徐晋涛老师在数据分析方面提供了有益的建议。

很多人以志愿者的身份，为这个项目作出了贡献。前期有西北高原生物研究所的岳鹏鹏，青海师范大学的智甲、杨玉发、王蕊、冯浪、拓春霞、朱雯；后期有青海师范大学王蕊、马秀玲、拓春霞、冯浪、张成义、周加克、井小龙、刘娜、马丽梅、麻雪瑞、吴海宁、臧小雨、黎海明，中央民族大学沈园、夏凡，兰州大学姚望、兰飞帆、宁蕊、荣昊旸、游文星、石朝印和武汉大学史正良。

研究地区的很多牧民也参与和帮助了数据的收集，他们包括豆科加、尖木措、多杰东智、索科和青海湖农场张志刚等。还有哈尔盖乡的史国财先生、史国福先生及其家人。他们优秀的驾驶技术和丰富的经验，为我们的野外工作提供了保障。

本项目的研究资金支持主要来自：中国—欧盟生物多样性保护项目（ECBP），动植物保护先锋项目（Conservation Leadership Programme，CLP），以及穆哈默德宾萨伊德物种保育基金（Mohamed Bin Zayed Species Fund）。

### 科学研究和保护

吕植也是这本书要感谢的人，放在最后因为她是最重要的。

这本书乃至这个研究项目的来历，在一开始有所交代：当吕植提出开展这个研究的时候，我们并不完全理解和认同，原因是不能提出明确的科学问题。几年后的今天，我们回想起来，感觉很幸运开展了这个研究。所以必须感谢吕植。

在这个项目里，我们至今未能解决重大的科学问题，但是这个过程让我们认识到了针对一个世界上最濒危的物种，采取行动去保护它，在保护过程中有针对性地提出缓解危机的手段，同时进行数据收集来监测和评估这个方法，正是保护生物学面临的挑战。我想，这也正是吕植提出这个项目的初衷。

我们逐渐加深认识的另外一个问题是：人如何与野生动物共存。可能关键是人需要让出一部分自己的利益，但是谈何容易？看着草原上越来越多的围栏，在我们刚刚拆除和改造的围栏周围建立起来，我们知道，这个项目才刚刚开始。

# 参考文献


Akaike H. 1973. Information theory and an extension of the maximum likelihood principle. Second international symposium on information theory, 1: 267—281.

Albon S D, Coulson T N, Brown D, et al. 2000. Temporal changes in key factors and key age groups influencing the population dynamics of female red deer. Journal of Animal Ecology, 69 (6): 1099—1110.

Allen G M. 1940. The mammals of China and Mongolia. New York: Mus Nat Hist.

Anderson D R, Burnham K P, White G C, Otis D L. 1983. Density estimation of small-mammal populations using a trapping web and distance sampling methods. Ecology, 64(4): 674—680.

Anderson D R, Laake J L, Crain B R, Burnham K P. 1979. Guidelines for line transect sampling of biological populations. Journal of Wildlife Management, 43(1): 70—78.

Augustin N H, Mugglestone M A, Buckland S T. 1996. An autologistic model for the spatial distribution of wildlife. Journal of Applied Ecology, 33(2): 339—347.

Barnes J I. 1999. Tourists' willingness to pay for wildlife viewing and wildlife conservation in Namibia. Journal of the Southern African Wildlife Management Association, 29(4): 101—111.

Barton K. 2012. MuMIn: Multi-model inference. R package version 1. 7. 2. http: // CRAN. R-project. org /package = MuMIn.

Beard P. 1988. The end of the game. San Francisco, CA: Chronicle Books.

Benton T G, Grant A. 1996. How to keep fit in the real world: elasticity analyses and selection pressures on life histories in a variable environment. The American Naturalist, 147 (1): 115—139.

Bergman C M, Fryxell J M, Gates C C, Fortin D. 2001. Ungulate foraging strategies: energy maximizing or time minimizing? Journal of Animal Ecology, 70(2): 289—300.

Berry W D, Feldman S. 1985. Multiple Regression in Practice. SAGE Publications, Incorporated.

Bhatnagar Y V, Wangchuk R, Mishra C. 2006. Decline of the Tibetan gazelle *Procapra picticaudata* in Ladakh, India. Oryx, 40(2): 229—232.

Birch L C. 1957. The meanings of competition. American Naturalist, 91(856): 5—18.

Bivand R, et al. 2011. spdep: Spatial dependence: weighting schemes, statistics and models. http: //CRAN. R-project. org/package=spdep.

Bjornstad O N. 2009. ncf: spatial nonparametric covariance functions. http: //CRAN. R-project. org/package=ncf.

Bleisch W V, et al. 2009. Surveys at a Tibetan antelope *Pantholops hodgsonii* calving ground adjacent to the Arjinshan Nature Reserve, Xinjiang, China: decline and recovery of a population. Oryx, 43(2): 191—196.

Bolger D T. 2007. The need for integrative approaches to understand and conserve migratory ungulates. Ecology Letters, 11(1): 63—77.

Bowen-Jones E, Entwistle A. 2002. Identifying appropriate flagship species: the importance of culture and local contexts. Oryx, 36(2): 189—195.

Brown D, Alexander N D E, Marrs R W, et al. 1993. Structured accounting of the variance of demographic change. Journal of Animal Ecology, 62(3): 490—502.

Buckland S T, Anderson D R, Burnham K P, et al. 1993. Distance sampling: estimating abundance of biological populations. London: Chapman and Hall.

Buckland S T, Anderson D R, Burnham K P, et al. 2001. Introduction to distance sampling: estimating abundance of biological populations. Oxford: Oxford University Press.

Buckland S T, Handel C M. 2006. Point-transect surveys for songbirds: robust methodologies. The Auk, 123(2): 345—357.

Burnham K P, Anderson D R. 2002. Model selection and multi-model inference: a practical information-theoretic approach. New York: Springer Science.

Burnham K P, Anderson D R, Laake J L. 1980. Estimation of density from line transect sampling of biological populations. Wildlife Monographs, (72): 7—202.

Buuveibaatar B, Young J K, Berger J, et al. 2013. Factors affecting survival and cause-specific mortality of saiga calves in Mongolia. Journal of Mammalogy, 94(1): 127—136.

Buzzard P J, Wong H M, Zhang H. 2012. Population increase at a calving ground of the endangered Tibetan antelope *Pantholops hodgsonii* in Xinjiang, China. Oryx, 46(2): 266—268.

Cai G, Liu Y, O'Gara B W. 1990. Observations of large mammals in the Qaidam Basin and its peripheral mountainous areas in the People's Republic of China. Canadian Journal of Zoology, 68(9): 2021—2024.

Calambokidis J, Barlow J. 2004. Abundance of blue and humpback whales in the eastern North Pacific estimated by capture-recapture and line-transect methods. Marine Mammal Science, 20

(1): 63—85.

Caswell H. 1978. A general formula for the sensitivity of population growth rate to changes in life history parameters. Theoretical Population Biology, 14(2): 215—230.

Caswell H, Naiman R J, Morin R. 1984. Evaluating the consequences of reproduction in complex salmonid life cycles. Aquaculture, 43(1—3): 123—134.

Caughley G. 1966. Mortality patterns in mammals. Ecology, 47(6): 906—918.

Caughley G. 1977. Analysis of vertebrate populations. New York: Wiley.

Chimeddorj B, Amgalan L, Buuveibaatar B. 2009. Current status and distribution of the saiga in Mongolia. Saiga News, 8: 1—2.

Clutton-Brock T H, Guinness F E, Albon S D. 1982. Red deer: behavior and ecology of two sexes. Chicago: University of Chicago Press.

Cochran W G. 2007. Sampling techniques. New York: Wiley.

Coe M J, Cumming D H, Phillipson J. 1976. Biomass and production of large African herbivores in relation to rainfall and primary production. Oecologia, 22(4): 341—354.

Corbet G B. 1978. The mammals of the palaearctic region: a taxonomic review. London: Cornell University Press.

Coughenour M B. 1991. Spatial components of plant-herbivore interactions in pastoral, ranching, and native ungulate ecosystems. Journal of Range Management Archives, 44(6): 530—542.

Coulloudon B, Eshelman K, Gianola J, et al. 1999. Sampling vegetation attributes. BLM Technical Reference 1734—4, Denver, CO, USA.

Crooks K R, Sanjayan M A, Doak D F. 1998. New insights on cheetah conservation through demographic modeling. Conservation Biology, 12(4): 889—895.

Danell K, Bergström R, Duncan P, et al. 2006. Large herbivore ecology and ecosystem dynamics. Cambridge, UK: Cambridge University Press.

Danz H P. 1997. Of bison and man: from the annals of a bison yesterday to a refreshing outcome from human involvement with America's most valiant beasts boulder. Boulder, CL: Colorado University Press.

de Kroon H, Plaisier A, van Groenendael J, Caswell H. 1986. Elasticity: the relative contribution of demographic parameters to population growth rate. Ecology, 67(5): 1427—1431.

de Kroon H, van Groenendael J, Ehrlén J. 2000. Elasticities: a review of methods and model limitations. Ecology, 81(3): 607—618.

Dittus W P J. 1977. The social regulation of population density and age-sex distribution in the Toque Monkey. Behaviour, 63(3/4): 281—322.

Duisekeev B Z, Sklyarenko S L. 2008. Conservation of saiga antelopes in Kazakhstan. Saiga

News, 7: 7—9.

East R. 1984. Rainfall, soil nutrient status and biomass of large African savanna mammals. African Journal of Ecology, 22(4): 245—270.

Ellerman J R, Morrison-Scott T C S. 1951. Checklist of Palaearctic and Indian mammals. In. London.

Escos J, Alados C L, Emlen J M. 1994. Application of the stage-projection model with density-dependent fecundity to the population dynamics of Spanish ibex. Canadian Journal of Zoology, 72 (4): 731—737.

Fleichner T L. 1994. Ecological costs of livestock grazing in western North America. Conservation Biology, 8(3): 629—644.

Forsyth D M, Hickling G J. 1998. Increasing Himalayan tahr and decreasing chamois densities in the eastern Southern Alps, New Zealand: evidence for interspecific competition. Oecologia, 113 (3): 377—382.

Fox J L, et al. 2009. Tibetan antelope *Pantholops hodgsonii* conservation and new rangeland management policies in the western Chang Tang Nature Reserve, Tibet: is fencing creating an impasse? Oryx, 43(2): 183—190.

Fox J L, Dorji T. 2009. Traditional hunting of Tibetan antelope, its relation to antelope migration, and its rapid transformation in the western Chang Tang Nature Reserve. Arctic, Antarctic, and Alpine Research, 41(2): 204—211.

Fox J L, Nurbu C, Chundawat R S. 1991. The mountain ungulates of Ladakh, India. Biological Conservation, 58(2): 167—190.

Frank D A, McNaughton S J. 1992. The ecology of plants, large mammalian herbivores, and drought in Yellowstone National Park. Ecology, 73(6): 2043—2058.

Freddy D J, Bronaugh W M, Fowler M C. 1986. Responses of mule deer to disturbance by persons afoot and snowmobiles. Wildlife Society Bulletin, 14(1): 63—68.

Fryxell J M. 1991. Forage quality and aggregation by large herbivores. American Naturalist, 138 (2): 478—498.

Gaillard J M, Festa-Bianchet M, Yoccoz N G. 1998. Population dynamics of large herbivores: variable recruitment with constant adult survival. Trends in Ecology & Evolution, 13 (2): 58—63.

Gaillard J M, Festa-Bianchet M, Yoccoz N G, et al. 2000. Temporal variation in fitness components and population dynamics of large herbivores. Annual Review of Ecology and Systematics, 31: 367—393.

Ganguli-Lachungpa U. 1997. Tibetan gazelle *Procapra picticaudata* in Sikkim, India. Journal of the

Bombay Natural History Society, 94(3): 557.

Gasaway W C, Gasaway K T, Berry H H. 1996. Persistent low densities of plains ungulates in Etosha National Park, Namibia: testing the food-regulating hypothesis. Canadian Journal of Zoology, 74(8): 1556—1572.

Gibson L A, Wilson B A, Cahill D M, Hill J. 2004. Spatial prediction of rufous bristlebird habitat in a coastal heathland: a GIS-based approach. Journal of Applied Ecology, 41(2): 213—223.

Gordon I J. 2009. What is the future for wild, large herbivores in human-modified agricultural landscapes? Wildlife Biology, 15(1): 1—9.

Gordon I J, Hester A J, Festa-Bianchet M. 2004. Review: The management of wild large herbivores to meet economic, conservation and environmental objectives. Journal of Applied Ecology, 41(6): 1021—1031.

Gotelli N J. 1991. Demographic models for Leptogorgia Virgulata, a shallow-water gorgonian. Ecology, 72(2): 457—467.

Gotelli N J. 2000. Null model analysis of species co-occurrence patterns. Ecology, 81(9): 2606—2621.

Gross B D, Holechek J L, Hallford D, Pieper R D. 1983. Effectiveness of antelope pass structures in restriction of livestock. Journal of Range Management, 36(1): 22—24.

Groves C, Grubb P. 2011. Ungulate taxonomy. Baltimore: The John Hopkins University Press.

Hammond P S. 1995. Estimating the abundance of marine mammals: a North Atlantic perspective. Developments in Marine Biology, 4: 3—12.

Harrington J L, Conover M R. 2006. Characteristics of ungulate behavior and mortality associated with wire fences. Wildlife Society Bulletin, 34(5): 1295—1305.

Harris R B, Loggers C O. 2004. Status of Tibetan Plateau mammals in Yeniugou, China. Wildlife Biology, 10(2): 91—99.

Hassan Q K, Bourque C P, Meng F R, Richards W. 2007. Spatial mapping of growing degree days: an application of MODIS-based surface temperatures and enhanced vegetation index. Journal of Applied Remote Sensing, 1(1): 013511-013511-12.

Hatter I W, Janz D W. 1994. Apparent demographic changes in black-tailed deer associated with wolf control on northern Vancouver Island. Canadian Journal of Zoology, 72(5): 878—884.

Hayter E W. 1939. Barbed wire fencing: a prairie invention, its rise and influence in the western states. Agricultural History, 13(4): 189—207.

Heppell S, Pfister C, de Kroon H. 2000. Elasticity analysis in population biology: methods and applications 1. Ecology, 81(3): 605—606.

Heppell S S, Caswell H, Crowder L B. 2000. Life histories and elasticity patterns: perturbation analysis for species with minimal demographic data. Ecology, 81(3): 654—665.

Hobbs N T. 2008. Fragmentation of rangelands: implications for humans, animals, and landscapes. Global Environmental Change, 18(4): 776—785.

Holechek J L, Pieper R D, Herbel C H. 1995. Range management: principles and practices. Prentice-Hall.

Howard V W. 1991. Effects of electric predator-excluding fences on movements of mule deer in pinyon/juniper woodlands. Wildlife Society Bulletin, 19(3): 331—334.

Høye T T. 2006. Age determination in roe deer —— a new approach to tooth wear evaluated on known age in dividuals. Acta Theriologica, 51(2): 205—214.

Hu J, Jiang Z. 2010. Predicting the potential distribution of the endangered Przewalski's gazelle. Journal of Zoology, 282(1): 54—63.

Hu J, Ping X, Cai J, et al. 2010. Do local communities support the conservation of endangered Przewalski's gazelle? European Journal of Wildlife Research, 56(4): 551—560.

Huete A, Didan K, Miura T, et al. 2002. Overview of the radiometric and biophysical performance of the MODIS vegetation indices. Remote Sensing of Environment, 83(1): 195—213.

Huisman J. 1997. The Struggle for Light. PhD thesis. University of Groningen, Groningen, The Netherlands.

Humphrey C, Sneath D. 1999. The end of nomadism? Society, state, and the environment in Inner Asia. USA: Duke University Press.

Islam M Z. 2010. Catastrophic die-off of globally threatened Arabian Oryx and Sand Gazelle in the fenced protected area of the arid central Saudi Arabia. Journal of Threatened Taxa, 2(2): 677—684.

Ito T Y, Miura N, Lhagvasuren B, et al. 2005. Preliminary evidence of a barrier effect of a railroad on the migration of Mongolian gazelles. Conservation Biology, 19(3): 945—948.

IUCN. 2012. IUCN Red List of Threatened Species.

Jarman P J, Jarman M V. 1973. Social behavior, population structure and reproduction in impala. East African Wildlife Journal, 11(3): 29—38.

Jiang Z, Gao Z, Sun Y. 1996. Current status of antelopes in China. Journal of Northeast Forestry University, 7(1): 58—62.

Jiang Z, Li D, Wang Z. 2000. Population declines of Przewalski's gazelle around Qinghai Lake, China. Oryx, 34(2): 129—135.

Jobbágy E G, Sala O E, Paruelo J M. 2002. Patterns and controls of primary production in the Patagonian Steppe: a remote sensing approach. Ecology, 83(2): 307—319.

Kalisz S, McPeek M A. 1992. Demography of an age-structured annual: resampled projection matrices, elasticity analyses, and seed bank effects. Ecology, 73(3): 1082—1093.

Karhu R R, Anderson S H. 2006. The effect of high-tensile electric fence designs on big-game and livestock movements. Wildlife Society Bulletin, 34(2): 293—299.

Kawamura K, Akiyama T, Yokota H, et al. 2005a. Comparing MODIS vegetation indices with AVHRR NDVI for monitoring the forage quantity and quality in Inner Mongolia grassland, China. Grassland Science, 51(1): 33—40.

Kawamura K, Akiyama T, Yokota H, et al. 2005b. Monitoring of forage conditions with MODIS imagery in the Xilingol steppe, Inner Mongolia. International Journal of Remote Sensing, 26(7): 1423—1436.

Koppel J V D, Prins H H. 1998. The importance of herbivore interactions for the dynamics of African savanna woodlands: an hypothesis. Journal of Tropical Ecology, 14(5): 565—576.

Krebs C J. 2001. Ecology: The experimental analysis of distribution and abundance, 5th ed. Benjamin Cummings, USA.

Lauenroth W K, Hunt H W, Swift D M, Singh J S. 1986. Estimating aboveground net primary production in grasslands: a simulation approach. Ecological Modelling, 33(2): 297—314.

Leader-Williams N. 2001. Elephant hunting and conservation. Science (New York), 293(5538): 2203b—2204.

Leader-Williams N. 1988. Reindeer on South Georgia. Cambridge: Cambridge University Press.

Lefkovitch L P. 1965. The study of population growth in organisms grouped by stages. Biometrics, 21(1): 1—18.

Legendre P, Legendre L. 1998. Numerical ecology. 2nd. Amsterdam, The Netherlands: Elsevier Science & Technology.

Lei R, Hu Z, Jiang Z, Yang W. 2003. Phylogeography and genetic diversity of the critically endangered Przewalski's gazelle. Animal Conservation, 6(4): 361—367.

Lei R, Jian Z, Hu Z, Yang W. 2003. Phylogenetic relationships of Chinese antelopes (sub family Antilopinae) based on mitochondrial ribosomal RNA gene sequences. Journal of Zoology, 261(3): 227—237.

Lei R, Jiang Z, Liu B. 2001. Group pattern and social segregation in Przewalski's gazelle (*Procapra przewalskii*) around Qinghai Lake, China. Journal of Zoology, 255(2): 175—180.

Leslie Jr D M, Groves C P, Abramov A V. 2010. *Procapra przewalskii* (Artiodactyla: Bovidae). Mammalian Species, 42(1): 124—137.

Leslie P H. 1945. On the use of metrices in certain population mathematics. Biometrika, 35: 183—212.

Leslie P H, Tener J S, Vizoso M, Chitty H. 1955. The longevity and fertility of the Orkney vole,

*Microtus orcadensis*, as observed in the laboratory. Proceedings of the Zoological Society of London, 125(1): 115—125.

Lhagvasuren B, Milner-Gulland E J. 1997. The status and management of the Mongolian gazelle *Procapra gutturosa* population. Oryx, 31(2): 127—134.

Li C, Jiang Z, Feng Z, et al. 2009. Effects of highway traffic on diurnal activity of the critically endangered Przewalski's gazelle. Wildlife Research, 36(5): 379—385.

Li C, Jiang Z, Li L, et al. 2012. Effects of reproductive status, social rank, sex and group size on vigilance patterns in Przewalski's gazelle. PLoS ONE, 7(2): e32607.

Li C L, Jiang Z G, Ping X G, et al. 2012. Current status and conservation of the Endangered Przewalski's gazelle *Procapra przewalskii*, endemic to the Qinghai-Tibetan Plateau, China. Oryx, 46(1): 145—153.

Li Z, Jiang Z, Beauchamp G. 2010. Nonrandom mixing between groups of Przewalski's gazelle and Tibetan gazelle. Journal of Mammalogy, 91(3): 674—680.

Li Z, Jiang Z, Beauchamp G. 2009. Vigilance in Przewalski's gazelle: effects of sex, predation risk and group size. Journal of Zoology, 277(4): 302—308.

Li Z, Jiang Z, Li C. 2008. Dietary overlap of Przewalski's Gazelle, Tibetan Gazelle, and Tibetan Sheep on the Qinghai-Tibet Plateau. The Journal of Wildlife Management, 72(4): 944—948.

Lindsey J. 1995. Modelling frequency and count data. Oxford: Clarendon Press.

Linnell J D C, Aanes R, Andersen R. 1995. Who killed Bambi? The role of predation in the neonatal mortality of temperate ungulates. Wildlife Biology, 1: 209—223.

Liu B, Jiang Z. 2004. Dietary overlap between Przewalski's gazelle and domestic sheep in the Qianghai Lake region and implications for rangeland management. The Journal of Wildlife Management, 68(2): 241—246.

Loarie S R. 2009. Fences and artificial water affect African savannah elephant movement patterns. Biological Conservation, 142(12): 3086—3098.

Longworth J W, Williamson G J. 1993. China's pastoral region: sheep and wool, minority nationalities, rangeland degradation and sustainable development. CAB International.

Mac Nally R. 2000. Regression and model-building in conservation biology, biogeography and ecology: the distinction between-and reconciliation of "predictive" and "explanatory" models. Biodiversity & Conservation, 9(5): 655—671.

Mac Nally R. 2002. Multiple regression and inference in ecology and conservation biology: further comments on identifying important predictor variables. Biodiversity & Conservation, 11(8): 1397—1401.

MacKinnon J. 2008. Order Artiodactyla. // Smith A T, Xie Y. A guide to the mammals of China.

Princeton, New Jersey: Princeton University Press. 451—480.

Mallon D P. 2009. Grazers on the plains: challenges and prospects for large herbivores in Central Asia. The Journal of Applied Ecology, 46(3): 516—519.

Mallon D P, Bhatnagar Y V. 2008. *Procapra picticaudata*. //International Union for Conservation of Nature and Natural Resources Red list of threatened species.

Malo, J E. 2004. Can we mitigate animal-vehicle accidents using predictive models? Predicting animal-vehicle collision locations. The Journal of Applied Ecology, 41(4): 701—710.

Mapston R D, Zobell R S, Winter K B, Dooley W D. 1970. A pass for antelope in sheep-tight fences. Journal of Range Management, 23(6): 457—459.

Marques F F, Buckland S T, Goffin D, et al. 2001. Estimating deer abundance from line transect surveys of dung: sika deer in southern Scotland. Journal of Applied Ecology, 38(2): 349—363.

Martin P. 1993. Vegetation responses and feedbacks to climate: a review of models and processes. Climate Dynamics, 8(4): 201—210.

Mbaiwa J E, Mbaiwa O I. 2006. The effects of veterinary fences on wildlife populations in Okavango Delta, Botswana. International Journal of Wilderness, 12(3): 17—41.

McCullough D R, Weckerly F W, Garcia P I, Rand R E. 1994. Sources of inaccuracy in black-tailed deer herd composition counts. The Journal of Wildlife Management, 58(2): 319—329.

McLaren C. 1997. Dry sheep equivalents for comparing different classes of livestock (Information Notes AG0590). Melbourne: Department of Primary Industries.

McNaughton S J. 1985. Ecology of a grazing ecosystem: the Serengeti. Ecological Monographs, 55 (3): 259—294.

McNaughton S J. 1992. The propagation of disturbance in savannas through food webs. Journal of Vegetation Science, 3(3): 301—314.

McShea W J, Underwood H B, Rappole J H. 1997. The science of overabundance: deer ecology and population management. Washington, DC: Smithsonian Institution Press.

Menkens G E, Boyce M S. 1993. Comments on the use of time-specific and cohort life tables. Ecology, 74(7): 2164—2168.

Miles J. 1985. The pedogenic effects of different species and vegetation types and the implications of succession. Journal of Soil Science, 36(4): 571—584.

Miller D J. 1999. Normads of the Tibetan Plateau rangelands in western China. Part three: pastoral development and future challenges. Rangelands, 21(2): 17—20.

Mills L S. 2007. Conservation of wildlife populations: demography, genetics and management. Malden, Massachusetts, USA: Blackwell Publishing.

Mills L S, Doak D F, Wisdom M J. 1999. Reliability of conservation actions based on elasticity analysis of matrix models. Conservation Biology, 13(4): 815—829.

Mishra C. 2001. High altitude survival: conflicts between pastoralism and wildlife in the Trans-Himalaya. Ph.D thesis, Wageningen University, Wageningen, The Netherlands.

Mishra C, Van Wieren S E, Ketner P, et al. 2004. Competition between domestic livestock and wild bharal *Pseudois nayaur* in the Indian Trans-Himalaya. Journal of Applied Ecology, 41(2): 344—354.

Moran P A. 1950. Notes on continuous stochastic phenomena. Biometrika, 37(1/2): 17—23.

Morris W F, Doak D F. 2002. Quantitative conservation biology: theory and practice of population viability. Sunderland, MA: Sinauer Associates.

Mueller T, Olson K A, Fuller T K, et al. 2008. In search of forage: predicting dynamic habitats of Mongolian gazelles using satellite-based estimates of vegetation productivity. Journal of Applied Ecology, 45(2): 649—658.

Namgail T, Bagchi S, Mishra C, Bhatnagar Y V. 2008. Distributional correlates of the Tibetan gazelle *Procapra picticaudata* in Ladakh, northern India: towards a recovery programme. Oryx, 42(1): 107—112.

Noss R F. 1994. Cows and conservation biology. Conservation Biology, 8(3): 613—616.

Oden N L, Sokal R R. 1986 . Directional autocorrelation: an extension of spatial correlograms to two dimensions. Systematic Biology, 35(4): 608—617.

Odonkhuu D, Olson K A, Schaller G B, et al. 2009. Activity, movements, and sociality of newborn Mongolian gazelle calves in the Eastern Steppe. Acta Theriologica, 54(4): 357—362.

Oesterheld M, Sala O E, McNaughton S J. 1992. Effect of animal husbandry on herbivore-carrying capacity at a regional scale. Nature, 356: 234—236.

Ogutu Z A. 2002. The impact of ecotourism on livelihood and natural resource management in Eselenkei, Amboseli Ecosystem, Kenya. Land Degradation & Development, 13(3): 251—256.

Olson K A, Fuller T K, Schaller G B, et al. 2005. Reproduction, neonatal weights, and first-year survival of Mongolian gazelles (*Procapra gutturosa*). Journal of Zoology, 265(3): 227—233.

Olson K A, Mueller T, Kerby J T, et al. 2011. Death by a thousand huts? Effects of household presence on density and distribution of Mongolian gazelles. Conservation Letters, 4(4): 304—312.

Olson K A, Mueller T, Leimgruber P, et al. 2009. Fences impede long-distance Mongolian gazelle (*Procapra gutturosa*) movements in drought-stricken landscapes. Mongolian Journal of Biological Sciences, 7(1—2): 45—50.

Owen-Smith N. 1998. The influence of very large body size on ecology. Cambridge: Cambridge University Press.

Owen-Smith N, Mason D R. 2005. Comparative changes in adult vs. juvenile survival affecting population trends of African ungulates. Journal of Animal Ecology, 74(4): 762—773.

Paige C, Stevensville M T. 2008. A landowner's guide to wildlife friendly fences. Landower/ Wildlife Resource Program, Montana Fish, Wildlife and Parks, Helena, MT, 563—569.

Paradis E J. Claude K. Strimmer. 2004. APE: analyses of phylogenetics and evolution in R language. Bioinformatics, 20(2): 289—290.

Parmenter R R, MacMahon J A. 1989. Animal density estiamtion using a trapping web design: field validation experiments. Ecology, 70(1): 169—179.

Paruelo J M, Epstein H E, Lauenroth W K, Burke I C. 1997. ANPP estimates from NDVI for the central grassland region of the United States. Ecology, 78(3): 953—958.

Pearce J, Ferrier S. 2000. Evaluating the predictive performance of habitat models developed using logistic regression. Ecological Modelling, 133(3): 225—245.

Pickup G, Bastin G N, Chewings V H. 1998. Identifying trends in land degradation in non-equilibrium rangelands. Journal of Applied Ecology, 35(3): 365—377.

Plumptre A J. 2000. Monitoring mammal populations with line transect techniques in African forests. Journal of Applied Ecology, 37(2): 356—368.

Prins H H T. 1992. The pastoral road to extinction: competition between wildlife and traditional pastoralism in Esta Africa. Environmental Conservation, 19(2): 117—123.

Qi Y. 2009. Carrying capacity of grassland and sustainable development of animal husbandry in Qinghai Lake area. Agricultural Science & Technology, 10(5): 175—178.

Rahman A F, Sims D A, Cordova V D, El-Masri B Z. 2005. Potential of MODIS EVI and surface temperature for directly estimating per-pixel ecosystem C fluxes. Geophysical Research Letters, 32(19): L19404.

Raithel J D, Kauffman M J, Pletscher D H. 2007. Impact of spatial and temporal variation in calf survival on the growth of elk populations. The Journal of Wildlife Management, 71(3): 795—803.

Ramsay P. 1997. Revival of the land: Creag Meagaidh National Nature Reserve. Perth, UK: Scottish Natural Heritage.

Ratcliffe P R. 1987. The management of red deer in upland forests. Forestry Commission Bulletin, 71.

Rey A, Novaro A J, Guichón M L. 2012. Guanaco (*Lama guanicoe*) mortality by entanglement in wire fences. Journal for Nature Conservation, 20(5): 280—283.

Rivera-Milán F F, Bonilla- Martinez G. 2007. Estimation of abundance and recommendations for monitoring white-cheeked pintails in wetlands of Puerto Rico and territorial islands. The Journal of

Wildlife Management, 71(3): 861—867.

Robbins M B, Nyári ÁS, Papes M, Benz B W. 2009. Song rates, mating status, and territory size of cerulean warblers in Missouri Ozark riparian forest. The Wilson Journal of Ornithology, 121(2): 283—289.

Rockwood L L. 2006. Introduction to population ecology. Blackwell Publishing Ltd, 5, 79.

Sæther B E. 1997. Environmental stochasticity and population dynamics of large herbivores: a search for mechanisms. Trends in Ecology & Evolution, 12(4): 143—149.

Schaller G B. 1998. Wildlife of the Tibetan Steppe. Chicago: University of Chicago Press.

Schultz R D, Bailey J A. 1978. Responses of national park elk to human activity. The Journal of Wildlife Management, 42(1): 91—100.

Sheldon D P. 2005. Movement and distribution patterns of pronghorn in relation to roads and fences in southwestern Wyoming. Master's thesis, University of Wyoming, Wyoming, USA.

Sims D A, Rahman A F, Cordova V D, et al. 2008. A new model of gross primary productivity for North American ecosystems based solely on the enhanced vegetation index and land surface temperature from MODIS. Remote Sensing of Environment, 112(4): 1633—1646.

Sinclair A R E. 1977. The African buffalo: a study of resource limitation of populations. Chicago: University of Chicago Press.

Singh J S, Lauenroth W K, Steinhorst R K. 1975. Review and assessment of various techniques for estimating net aerial primary production in grasslands from harvest data. The Botanical Review, 41(2): 181—232.

Skogland T. 1983. The effects of density dependent resource limitation on size of wild reindeer. Oecologia, 60(2): 156—168.

Smith A T, Xie Y. 2008. A guide to the mammals of China. Princeton, N J: Princeton University Press.

Sokolov V E, Lushchekina A A. 1997. *Procapra gutturosa*. Mammalian Species, (571): 1—5.

Southwell C. 1994. Evaluation of walked line trasect counts for estimating macropod density. Journal of Wildlife Management, 58(2): 348—356.

Stanley Price M R. 1989. Animal Reintroductions: The Arabian Oryx in Oman. Cambridge: Cambridge University Press.

Stone L, Roberts A. 1990. The checkerboard score and species distributions. Oecologia, 85(1): 74—79.

Teer J, Neronov V, Zhirnov L, Blizniuk A. 1996. Status and exploitation of the saiga antelope in Kalmykia. // V. Taylor, N. Dunstone. The Exploitation of Mammal Populations. Netherlands: Springer, 75—87.

Thomas L, Laake J L, Rexstad E, et al. 2009. University of St. Andrews, U. Distance 6.0. Release 2. Research Unit for Wildlife Population Assessment: University of St. Andrews, UK.

Thompson D A, Hester A, Usher M . 1995. Heaths and moorland: cultural landscapes. Edinburgh, UK: HMSO.

Tucker C, Sellers P. 1986. Tellite remote sensing of primary production. International Journal of Remote Sensing, 7(11): 1395—1416.

Turchin. 2003. Complex population dynamics: a theoretical/empirical synthesis. Princeton: Princeton University Press.

Van der Waal C. 2000. Game ranching in the northern province of South Africa. South African Journal of Wildlife Research, 30(4): 151—156.

Van der Wal R, Madan N, Van Lieshout S, et al. 2000. Trading forage quality for quantity? Plant phenology and patch choice by Svalbard reindeer. Oecologia, 123(1): 108—115.

Vangroenendael J, Dekroon H, Caswell H. 1988. Projection matrices in population biology. Trends in Ecology & Evolution, 3(10): 264—269.

Venables W N, Ripley B D. 2002. Modern Applied Statistics with S. 4th ed. New York: Springer.

Voeten M M. 1999. Living with wildlife: coexistence of wildlife and livestock in an East African Savanna system. Ph.D. thesis. Wageningen, Netherlands: Wageningen University.

Wallace H F. 1913. The big game of central and western China: being an account of a journey from Shanghai to London overland across the Gobi Desert. Duffield and co.

Wallis de Vries M F, Bakker J P, van Wieren S E. 1998. Grazing and conservation management. Dordrecht, the Netherlands: Kluwer Academic Publishers.

Walsh C, Mac Nally R. 2008. The hier. part: hierarchical partitioning. R package version 1.0—3.

Walsh N E, Griffith B, McCabe T R. 1995. Evaluating growth of the porcupine caribou herd using a stochastic model. The Journal of Wildlife Management, 59(2): 262—272.

Wang X, Schaller G B. 1996. Status of large mammals in western Inner Mongolia. Journal of East China Normal University, 12: 93—104.

Webb W P. 1931. The great plains: a study in instructions and environment. New York: Ginn and Company.

Williamson L L, Doster G L. 1981. Socio-economic aspects of white-tailed deer disease. Diseases and Parasites of White-Tailed Deer Tallahassee. FL: Tall Timbers Research Station.

Wilmshurst J F, Fryxell J M, Colucci P E. 1999. What constrains daily intake in Thomson's gazelles? Ecology, 80(7): 2338—2347.

Wilson K R, Anderson D R. 1985. Evaluation of a density estimator based on a trapping web and distance sampling theory. Ecology, 66(4): 1185—1194.

Wisdom M J, Mills L S. 1997. Sensitivity analysis to guide population recovery: prairie-chickens as an example. The Journal of Wildlife Management, 61(2): 302—312.

Wisdom M J, Mills L S, Doak D F. 2000. Life stage simulation analysis: estimating vital-rate effects on population growth for conservation. Ecology, 81(3): 628—641.

Wolfe S A, Griffith B, Wolfe C A G. 2000. Response of reindeer and caribou to human activities. Polar Research, 19(1): 63—73.

Yang J, Jiang Z, Zeng Y, et al. 2011. Effect of anthropogenic landscape features on population genetic differentiation of Przewalski's gazelle: main role of human settlement. PloS ONE, 6 (5): e20144.

Yang Y H, Fang J Y, Pan Y D, Ji C J. 2009. Aboveground biomass in Tibetan grasslands. Journal of Arid Environments, 73(1): 91—95.

You Z, Jiang Z, Li C, Mallon D. 2013. Impacts of grassland fence on the behavior and habitat area of the critically endangered Przewalski's gazelle around the Qinghai Lake. Chinese Science Bulletin, 8(18): 2262—2268.

Young J K, Murray K M, Samantha S, et al. 2010. Population estimates of Endangered Mongolian saiga *Saiga tatarica* mongolica: implications for effective monitoring and population recovery. Oryx, 44(2): 285—292.

Zhang L, Liu J, Wang D, et al. 2013. Distribution and population status of Przewalski's gazelle, *Procapra przewalskii* (Cetartiodactyla, Bovidae). Mammalia, 77(1): 31—40.

Zhao X Q, Zhou X. 1999. Ecological basis of alpine meadow ecosystem management in Tibet: Haibei alpine meadow ecosystem research station. Ambio, 28(8): 642—647.

敖仁其，敖其，孙学力. 2004. 制度变迁与游牧文明. 呼和浩特：内蒙古人民出版社.

敖仁其. 2001. 对内蒙古草原畜牧业的再认识. 内蒙古财经学院学报，3：85—90.

曹建军，杜国祯，韦惠兰，王宏. 2009. 玛曲草地联户经营SWOT分析及其发展对策建议. 草业科学，26(10)：146—149.

陈峰，陈佩珍，李良军. 1999. 现代医学统计方法与Stata应用. 北京：中国统计出版社.

陈桂琛，彭敏，赵京. 1991. 青海湖地区沙生植被遥感解译及其保护. 中国沙漠，11(3)：44—49.

陈立伟，冯祚建，蔡平，等. 1997. 普氏原羚昼间行为时间分配的研究. 兽类学报，(3)：13—24.

杜彬，印瑞学，包海. 2007. 用Leslie矩阵预测驯鹿种群的动态. 内蒙古林业调查设计，30(6)：85—87.

冯祚建，蔡桂全，郑昌琳. 1986. 西藏哺乳类. 北京：科学出版社.

高行宜，姚军. 1997. 新疆天山东部的盘羊. 野生动物，18(4)：38—40.

哈里斯，理查德. 1996. 如何满足草原野生有蹄类调查方法的假设前提条件. 动物学杂志，31(2)：16—21.

洪艳云，李迪强，易图永，等. 2008. 筛选普氏原羚粪便DNA中微卫星引物并应用于个体识别. 中国农学通报，171(9)：54—58.

洪艳云，李迪强，易图永，等. 2009. 普氏原羚粪便DNA提取方法的改进与比较. 中国草食动物，201(1)：3—5.

胡军华，蒋志刚. 2011. 普氏原羚空间分布格局与物种保护. //第七届全国野生动物生态与资源保护学术研讨会. 中国浙江金华，2.

蒋志刚，冯祚建，王祖望，等. 1995. 普氏原羚的历史分布与现状. 兽类学报，15(4)：241—245.

蒋志刚，雷润华，韩晓华，等. 2003. 普氏原羚研究概述. 动物学杂志，38(6)：129—132.

蒋志刚，李迪强，刘丙万，等. 2004. 中国普氏原羚. 北京：中国林业出版社.

蒋志刚，李迪强，王祖望，等. 2001. 青海湖地区普氏原羚的种群结构. 动物学报，(2)：158—162.

蒋志刚，李迪强. 1999. 土地覆盖变化与普氏原羚和麋鹿的保护. 自然资源学报，14(4)：334—339.

金崑，高中信，马建章. 2005. 中国蒙原羚研究. 哈尔滨：东北林业大学出版社.

金崑，顾志宏. 2005. 中国蒙原羚种群分布及数量现状. 2005年中国科协学术年会26分会场论文集(2).

金崑，马建章. 2004. 中国黄羊资源的分布，数量，致危因素及保护. 东北林业大学学报，32(2)：104—106.

李德浩，王祖祥，吴翠珍. 1989. 青海经济动物志. 西宁：青海人民出版社.

李迪强，蒋志刚，王祖望. 1999a. 普氏原羚的活动规律与生境选择. 兽类学报，19(1)：17—24.

李迪强，蒋志刚，王祖望. 1999b. 人类活动对普氏原羚分布的影响. 生态学报，19(6)：890—895.

李迪强，蒋志刚，王祖望. 1999c. 普氏原羚的食性分析. 动物学研究，20(1)：74—77.

李娜. 2006. 应用微卫星DNA标记研究普氏原羚遗传多样性. 硕士论文. 长沙：湖南农业大学.

李文军，张倩. 2009. 解读草原困境——对于干旱半干旱草原利用和管理若干问题的认识. 北京：经济科学出版社.

李忠秋，蒋志刚. 2006. 青海布哈河上游地区同域分布的普氏原羚与藏原羚草青期的集群比较. 动物学研究，27(4)：396—402.

梁云媚，王小明. 2000. 贺兰山岩羊的生命表和春夏季节社群结构研究. 兽类学报，20(4): 258—262.

刘丙万，蒋志刚. 2002a. 普氏原羚的采食对策. 动物学报，48(3): 309—316.

刘丙万，蒋志刚. 2002b. 普氏原羚生境选择的数量化分析. 兽类学报，22(1): 15—21.

刘丙万，蒋志刚. 2002c. 青海湖草原围栏对植物群落的影响兼论濒危动物普氏原羚的保护. 生物多样性，10(3): 326—331.

刘务林，伊秉高. 1993. 西藏珍稀野生动物与保护. 北京: 中国林业出版社.

马瑞俊，蒋志刚. 2006. 青海湖流域环境退化对野生陆生脊椎动物的影响. 生态学报，26(9): 3066—3073.

聂海燕，宋延龄，郑友风，等. 2009. 海南坡鹿种群生活史特征及种群动态趋势预测. 兽类学报，29(1): 20—25.

祁英香. 2009. 青海湖地区草地载畜量及畜牧业可持续发展研究. 安徽农业科学，(33): 16551—16553.

青海省情编委会. 1986. 青海省情. 西宁: 青海人民出版社.

任军让，余玉群. 1990. 青海省玉树果洛州岩羊的种群结构及生命表初探. 兽类学报，10(3): 189—193.

尚玉昌，蔡晓明. 2002. 普通生态学. 北京: 北京大学出版社.

盛和林，徐宏发. 1992. 哺乳动物野外研究方法. 北京: 中国林业出版社.

王美兔，李迪强，周建华. 2009. 普氏原羚保护中牧民行为及参与保护意愿分析. 山西农业大学学报 (社会科学版)，8(4): 390—394.

王香亭. 1991. 甘肃脊椎动物志. 兰州: 甘肃科学技术出版社，1216—1220.

王小明，刘振生，李新庆，李志刚. 2005. 贺兰山雄性岩羊种群两个时期生命表的比较. 动物学研究，26(5): 467—472.

王秀磊，李迪强，吴波，杨洪晓. 2005. 青海湖东-克图地区普氏原羚生境适宜性评价. 生物多样性，13(3): 213—220.

魏万红，姜永进，朱申武，周文扬，蒋志刚. 1998. 普氏原羚种群大小及影响因素的初步研究. 兽类学报，18(3): 232—234.

吴玉虎. 2005. 天然草场网围栏建设应因地制宜. 中国草地，27(2): F003.

吴征镒. 1979. 论中国植物区系的分区问题. 植物分类与资源学报，1(1): 1—20.

夏勒，康蔼黎，章克家. 2006. 普氏原羚分布区保护状况初步评估报告. WCS.

谢逊. 1962. 家畜解剖学. 北京: 科学出版社.

杨刚，杨智明，王思成，贾弟林. 2003. 盐池四墩子试区草原围栏封育效果调研. 宁夏农学院学报，24(1): 22—24.

杨理. 2007. 草原治理: 如何进一步完善草原家庭承包制. 中国农村经济，12: 62—67.

叶润蓉，蔡平，彭敏，等. 2006. 普氏原羚的分布和种群数量调查. 兽类学报，26(4)：373—379.

易湘蓉，王秀磊，周慧，等. 2005. 普氏原羚的食性研究. 湖南农业大学学报(自然科学版)，31(3)：289—292.

易湘蓉. 2005. 普氏原羚食性分析及分子生态学研究. 硕士论文. 长沙：湖南农业大学.

游章强，蒋志刚. 2005. 普氏原羚的求偶交配行为. 动物学报，51(2)：187—194.

于长青. 2008. 西部地区生态现状与因应策略. // 郑易生. 中国西部减贫与可持续发展. 北京：社会科学文献出版社.

俞锡章，路元新，周俊生. 1982. 青海祁连山地区藏系绵羊日食量的初步研究. 中国草地学报，(1)：58—59.

张璐. 2011. 普氏原羚(*Procapra przewalskii*)的种群现状及致危因素研究. 博士论文. 北京：北京大学.

张倩，李文军. 2008. 分布型过牧：一个被忽视的内蒙古草原退化的原因. 干旱区资源与环境，22(12)：8—16.

张荣祖，王宗祎. 1964. 青海甘肃兽类调查报告. 北京：科学出版社.

张荣祖. 1999. 中国动物地理. 北京：科学出版社.

张忠孝. 2009. 青海地理. 2版. 北京：科学出版社.

张忠孝. 2004. 青海地理. 西宁：青海人民出版社.

张自学，孙静萍. 1995. 黄羊(*Procapra gutturosa*)在中国分布的变迁及其资源持续利用. 生物多样性，3(2)：95—98.

章克家，吴永林，姚瑞杰. 2007. 2007年普氏原羚分布区基本状况调查报告. WCS.

郑昌琳. 1979. 西藏阿里地区动植物考察报告. 北京：科学出版社.

郑杰. 2007. 普氏原羚保护亟待关注与解决的问题. 野生动物，28(2)：31—33.

郑杰. 2005. 普氏原羚种群现状与保护. 青海环境，15(2)：53—56.

周华坤，赵新全，唐艳鸿，等. 2004. 长期放牧对青藏高原高寒灌丛植被的影响. 中国草地，26(6)：1—11.

周华坤，周立，赵新全，等. 2002. 放牧干扰对高寒草场的影响. 中国草地，24(5)：53—61.

周惠. 1984. 谈谈固定草原使用权的意义. 红旗，10.

卓玛措. 2010. 青海地理. 北京：北京师范大学出版社.

中华人民共和国农业部. 2010. 2009年全国草原监测报告. (2010-03-22)www.farmer.com.cn/wlb/nmrb/nb3/201003200017.htm